U0249664

世 界 博 物 大 图 鉴

花之王国 2

药用植物

Kingdom of Flowers

Medicinal Plants

[日] 荒俣宏 著

段练 译

《夏》 四季的拟人化之一。将抽象概念寄于人物身上，然后再描绘成带有寓意的图像。（选自《英国田园志》，1682 年）

天津出版传媒集团

天津科学技术出版社

目录

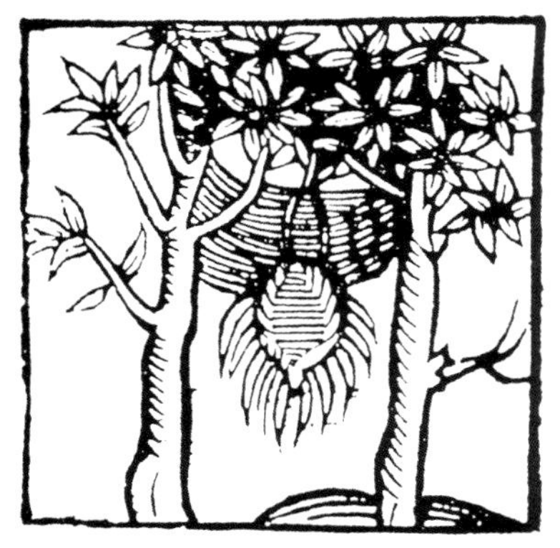

此图出自雅各布·麦登巴赫于1521年在德国美因茨出版的《健康花园》(初版刊行于1491年)的早期印刷版。这本书探讨了药草的神奇功效,在西方产生了深远的影响。

药草

毒草

香草

圣草

天地庭园巡游

《花之王国》读法

【结构】
共4卷：第1卷《园艺植物》，第2卷《药用植物》，第3卷《实用植物》，第4卷《珍奇植物》。各卷均从总数达30余万种的植物中，挑选了最符合主题的奇特而美丽的植物，各页均包含了每种植物的标题、解说、插图及插图介绍。卷末还设有专栏“天地庭园巡游”，介绍了25座围绕古今与东西、真实与虚构的庭园，以探索人类与植物之间影响深远的关系。

【标题】
在植物介绍部分，日文版以代表性植物俗名作为标题，而中文版选取科名、属名或物种名作为标题，进行了更符合分类学的处理。

【解说】
包括“原产地”“学名”“日文名”“英文名”“中文名”。其中“日文名”“英文名”“中文名”为各种语言环境中植物的通用名或俗称。

【插图】
每幅插图中所涉及的植物均给出了目前通用的学名[1]（种级别）。由于植物学研究的不断推进，植物的学名也在不断更新和完善，所以中文版出版时，编者对日文版中个别植物的学名进行了相应的更新。另外，在插图介绍的最后，可根据“➡”所指的号码在附录“图片出处索引”中找到对应插图的出处。

1 极少数植物存在异物同名的情况，为使表述更明确，相关学名后添加命名人以作区分。另外，还有一些特殊的植物在学界尚未有正式确认的中文名，这里直接采用了其拉丁学名，以方便读者查阅相关资料。——编者

“健康花园”与超凡的园丁们

——东西方药草采集家列传

神农与阿斯克勒庇俄斯

如果一定要对栽培植物的场所进行某种区分，我想介绍两个十分吸引人的名字：“Hortus Sanitatis”（健康花园）和“Hortus Deliciarum”（欢乐花园）。前者是给药草花园取的名字，后者则是为给人们带来视觉与心灵上的愉悦而取的名字。换句话说，我们也可以称它们为“实用花园”和“观赏花园”。

当然，我们无须比较哪个更古老，哪个更有意义。毕竟，这两个花园在历史上是同时出现的，并且它们总是难分伯仲，相互依存。没错，这就如同我们整个大自然本就是药草花园，也是观赏花园一样。

举例来说，从古至今，“乐园”的形象似乎发生了很大的变化。在古希腊，一个种满树木、可以遮挡日照的平地广场就是“乐园”。人们聚集在这里畅快地聊天和讨论，后来逐渐发展出一个绿树成荫的空间，人们叫它“公园”（Park）。事实上，庭园为希腊哲学的发展提供了颇多助力。

在波斯，庭园是享乐之所。清澈的泉水可以为人们解渴，艳丽多彩的花卉让人赏心悦目，美妙的音乐洋洋盈耳，有的人与动植物嬉戏，恋人们则在这里互诉情愫——希腊人将这里称为“天上乐园”（Paradise）。

17世纪，英国出现了“Pleasure garden”（欢乐园）。它不单单是“花园”，还是旅馆和餐厅，偷偷跑出来约会的情侣们可以在这里享受片刻的欢乐和放松。它是包括迪士尼乐园在内的“游乐园”的雏形。

相比之下，“健康花园”的形象始终保持不变。人们建造它是为了种植药用植物，以治疗疾病，改善人们的健康状况。从这点来看，它似乎确实没有理由，也没有必要变得多样化。

尽管如此，曾经的“健康花园”收集了许多不同寻常的“药物”，包括具有“魔力”的动物结石，抑或类似占星术中宝石一般的护身符，这对于现在的药草园来说是无法想象的。因此，创建和管理“健康花园”的草药学家不仅要具备药草知识，还要懂天文学、动植物学、矿物学、符术和咒语。简而言之，他们必须是“魔法师”。

因此，即便是古代西方世界最伟大的博物学家亚里士多德，也未能冠以“全能草药学家”的名号。亚里士多德的《动物志》（*Historia Animalium*）在动物分类和遗传问题的研究方面称得上是动物学领域的权威之作，几乎一直到18世纪都是该领域的唯一且最佳典籍。鉴于此，亚里士多德缺乏植物学知识，多少显得有些不可思议。

但也有人说，亚里士多德编撰的植物学著作只是未能传世罢了，证据是人们时不时会提到的《亚里士多德植物志》之类的书，但迄今为止，这些书都已被证明是伪作。亚里士多德将自己的全部藏书都交给了他视为继承人的泰奥弗拉斯特。作为亚里士多德的得意门生，泰奥弗拉斯特倒是留下了一本《植物志》(*Historia Plantarum*)。然而，这本书也只能证明亚里士多德在植物学方面没有什么造诣。

究其原因，很可能是亚里士多德终日在绿树成荫的公园里辩论，也就没有时间去积累足够的药草学方面的实践经验。毕竟，古希腊时代的植物学家必须掌握有关药草和实用植物的实践知识，而不仅仅是理论知识。

相比之下，中国有一位药草之神叫神农。神农尝遍了当时已知的所有植物，不惜花费大量时间，用鞭子挥打它们，检查它们究竟是可以入药还是具有毒性。神农堪称神一般的草药学家，他用自己做实验，造福万民。顺便一提，在中国，这种实用的草药研究一般被称为“本草学”，从事这种研究的学者被称为“本草学家”。

遗憾的是，亚里士多德并没有在植物上投入太多精力。不过，古希腊也有一位能和神农比肩的医神——阿斯克勒庇俄斯。据说，这位医神是太阳神阿波罗的儿子，被半人马喀戎抚养长大，并从喀戎那里习得了医术。传说他掌握了利用戈耳工女妖之血起死回生的秘术，因此他很可能具备毒药方面的知识，这一点通过阿斯克勒庇俄斯的形象也能看出——他的标志物是一根被蛇缠绕的“阿斯克勒庇俄斯之杖”。阿斯克勒庇俄斯手持蛇杖的形象就像是毒药师和采药人。

迪奥斯科里德手稿的发现

抛开神话不谈，西方历史上当然还有真实的草药学俊杰。米特拉达梯六世的主治医师克拉提乌斯就是其中一位，据说，克拉提乌斯拥有丰富的植物学知识，通晓所有毒草。他制作了颇具规模的药用植物彩色图鉴，是当时冠绝古希腊世界的草药学家。

据说，听从克拉提乌斯的指导，就能身强体壮、百毒不侵、健康长寿，还能在生病时快速痊愈。遗憾的是，克拉提乌斯的彩色本草图鉴大部分内容已经失传了。

不过，克拉提乌斯的徒孙迪奥斯科里德将其遗稿流传了下来。迪奥斯科里德的《论药物》被认为是古典时期最具代表性的草药学著作，该书描述了多达500种药草的辨识方法和药效。迪奥斯科里德是生活在公元1世纪尼禄皇帝统治时期的草药学家，但目前已知的他最早的手稿是在公元6世纪时发现的。这份手稿长期保存于君士坦丁堡，1562年，法国外交官比斯贝克 (Busbecq) 在访问君士坦丁堡时发现了它。之后，包含克拉提乌斯遗作在内的迪奥斯科里德的手稿和绘图一并被买走，成为维也纳皇家图书馆 (现奥地利国家图书馆) 的馆藏。

这份手稿中的插图恐怕就来自克拉提乌斯彩色图鉴的一部分，一直流传至今。这些植物画让人联想到风干的标本，看上去略显生硬，甚至连从土壤中拔出的根也进行了仔细刻画。这种风格为西方和日本的本草插图的创作提供

现存最古老的迪奥斯科里德《论药物》手稿 (今藏于奥地利国家图书馆) 中描绘的西洋蓍草。

了有力借鉴，直到19世纪都一直是药草图鉴的绘制标准。

不过，迪奥斯科里德的手稿被发现以前，在中世纪欧洲流行的药典是阿普列乌斯·柏拉图尼克斯的拉丁语手稿。这份手稿的彩色插图可以追溯到公元4世纪，在整个中世纪都被广泛引用。然而，在之后的模本里，每一部手稿上的插图都被简化了，改为更具艺术性的设计。13世纪左右在英国出版的阿普列乌斯·柏拉图尼克斯的《药物志》恐怕就是一个典型的例子。因此，当迪奥斯科里德的写实风格原稿问世时，二者之间的差距就很明显了。

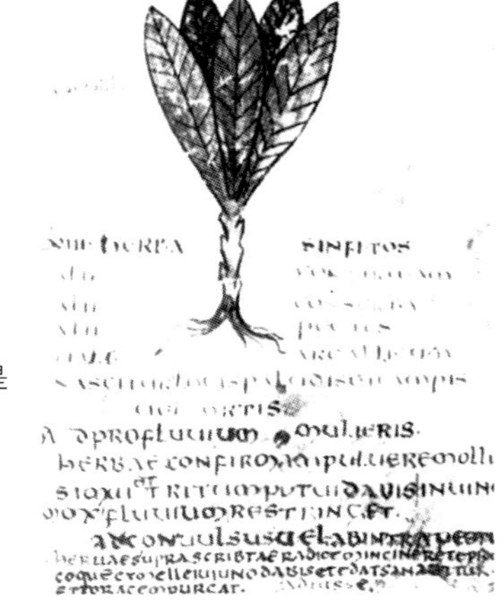

阿普列乌斯·柏拉图尼克斯《药物志》中描绘的聚合草（*Symphytum officinale*）。它是中世纪本草图像的原型，将其与本书第10页布伦费尔斯所描绘的聚合草作对比，十分有意思。

本草学也是一门“超人”学问

阿尔布雷希特·丢勒描绘的欧耧斗菜（*Aquilegia vulgaris*），现藏于维也纳阿尔贝蒂娜博物馆。他的素描对同时代的本草图产生了巨大影响。

文艺复兴时期的草药学家首次接触到古代的精准绘制的草药图，便决心摒弃中世纪的模式化插图和注释，转向具有自然真实感的植物图。阿尔布雷希特·丢勒等人专注于描绘夸张的植物画，借由他们的自然主义博物画，以奥托·布伦费尔斯为首的德国草药学家建立了近代本草典籍的雏形。例如，布伦费尔斯《活植物图谱》中的所有插图，均是他对着鲜活的植物写生而成的，这种革新叫人眼前一亮。不光是插图，书中的文字描述也去除了与魔法相关的元素。

不过，纵观这些本草典籍，有一个要素始终未变，那就是守护和发展“健康花园”的采药人所展现的超人般的力量。他们虽然不像米特拉达梯六世和克拉提乌斯那样以锻炼身体的抗毒性而闻名，但在那些兢兢业业的本草学家的列传中，这些采药人的事迹是不可或缺的。

首先要提的人是盖伦，他是迪奥斯科里德势均力敌的对手，对整个中世纪都产生了巨大的影响。剑斗比武是古罗马市民的娱乐项目之一。盖伦是名医生，他经常治疗剑斗中的受伤者。在那个禁止人体解剖的时代，通过检查受伤剑士的伤口，盖伦逐渐积累了人体解剖学的知识。后来，他运用草药学知识为达官贵人治病，举办公开讲座，撰写了约500篇希腊语论文，在修辞学、戏剧、哲学等领域也留有著作。他是一位不折不扣的“超人”。

约翰·杰拉尔德的肖像画。收录于《草药书，或植物通志》（1597年）中的彩绘插图。

林奈也是一位“超人”，虽然他称不上本草学家，却是一位纯粹的植物学家，他与草药采集者一样殚精竭虑，不过，不是对他自己，而是对他的学生。

林奈曾派他的学生佩尔·奥斯贝克到中国采集植物，他告诫奥斯贝克说：“你回国后，用你带回来的花做一顶王冠戴在花神庙里的祭司头上，并装饰祭祀女神的祭坛，再把你的名字刻在如钻石般坚硬而耐久的材料上。我还会用你的名字给某类花命名为‘Osbeckia’，让这种花成为花卉大家庭中的一员，这是何等殊荣。所以，扬起风帆，拼命划行吧。但你要铭记，切不可无功而返。否则，我会向海神尼普顿祈祷，让你和你的同伴们一同沉入冥界的深渊。”

林奈的严令不禁让人想起秦始皇对中国本草学家下达的采集“长生不老药”的命令。据说，徐福奉秦始皇之命远赴日本寻找灵药，他害怕如果找寻无果就会被秦始皇赐死，于是和手下定居在日本。这就是采药人的悲剧。

事实上，学习和实践草药学的人需要具备常人无法企及的天资和付出巨大的努力。草药学是一门“超人”的学问。

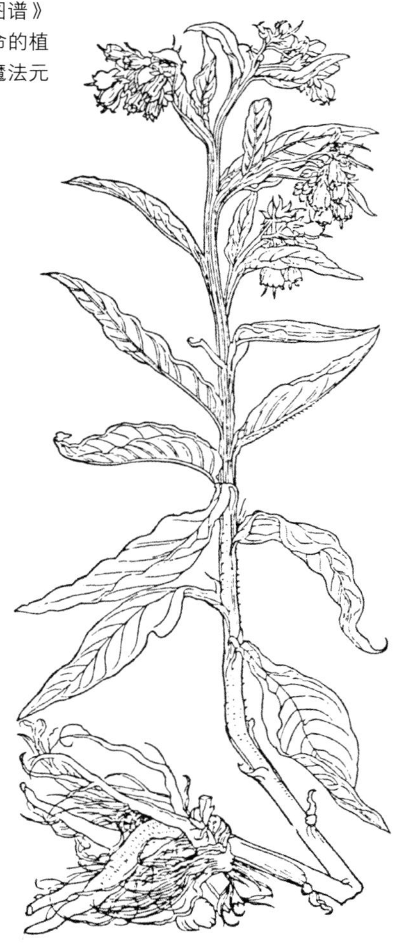

布伦费尔斯《活植物图谱》中的聚合草。对有生命的植物进行写生，并去除魔法元素，让人眼前一亮。

百合由蚯蚓幻变而来……

翻开江户时代的本草学家列传，你会发现其中“超人”辈出。以小野兰山为例，他71岁时从京都来到江户，在幕府的医学馆讲授本草学。他在江户待了11年，82岁时去世。在此期间，小野兰山所完成的本草学工作也非常出色。他先是抄录了长达1000卷的本草学巨著《庶物类纂》，之后出版了自己的48卷本《本草纲目启蒙》，其间还多次前往日本各地采药。平日里，他埋首书斋，连吃饭也是在走廊里。多年来，他甚至不知道自己家中有妻子。

更令人钦佩的是纪州的本草学家畔田翠山。相传他漫游群山，采集了无数植物，经常会露宿山中。然而，他并没有受到熊、狼的袭击，甚至连毒蛇也不会靠近他。通过实地考察，翠山积累了丰富的草药知识，无论纪州人问他什么，他回答起来都不假思索。他如神明一般，当地人甚至传言他是“天狗的私生子”，他的未婚妻也因此跟他解除了婚约。

江户城也有一位类似的“超人”。栗本丹洲是一名御医和本草学者，位至“法眼”（给予医生的官阶尊称），在江户人眼中他是个神秘的玄医。栗本丹洲拥有一座巨大的毒草园，他对毒药进行了深入钻研，最终研制出包治百病的秘药。据说，丹洲多次治愈了其他医生放弃治疗的病人。“超人”之名当之无愧。

追溯这些列传，我们不难看出，并非只有像平贺源内那样被誉为“奇才”的才称得上“超人”。上述例子告诉我们这样一个道理：“健康花园”的守护者不能单是学者，也不能只懂得如何栽培，而必须是通晓实践与学问的综合型博物学家。

平贺源内收藏的兰贝尔·多顿斯《本草书》的卷首图。但不是1554年的初版，而是在17世纪中叶发行的修订版。

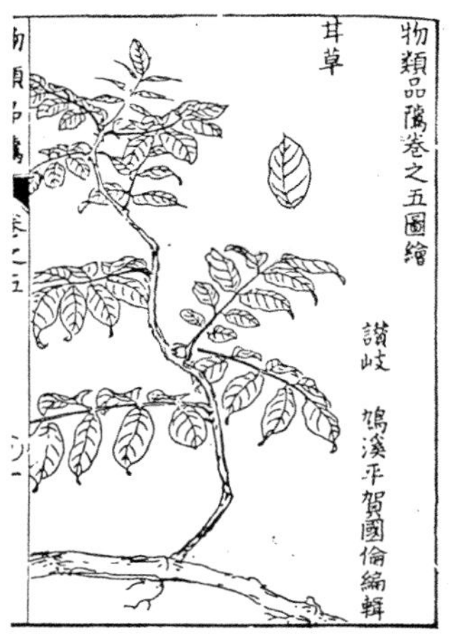

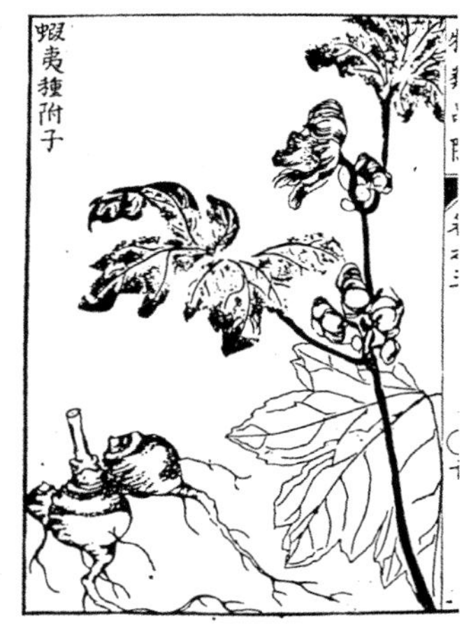

出自平贺源内的《物类品鹭》，分别题为“附子”和“甘草”。源内与其老师田村蓝水在宝历七年（1757年）之后于江户共同举办了“药品会”，展示各种博物标本。该书可以说是这些展品的目录。

那么，为什么草药研究需要这样的“超人”呢？为了弄清原因，我们先来了解下最具代表性的草药典籍。

成书于明朝末年的巨著《本草纲目》是中国最有影响力的本草典籍，其中有一条关于“山百合”的记述（以下摘自日文版《本草纲目》）。

〇百合镜——百合白花者入药。红花者名山丹，黄花者名夜合，今惟作盆玩，不入药。百合以野生者良，有甜、苦二种，甜者可用，取如荷花瓣无蒂无根者佳。能利二便，气虚下陷者忌之。

逢原云：余亲见包山土罅中，蚓化百合，有变化未全者，大略野生百合，蚓化有之，其清热解毒、散积消瘀，乃蚓之本性耳。

后半部分有些难懂，大致意思是说，野百合之所以具有清热解毒、散积消瘀的功效，源于土中蚯蚓的药性，古人认为百合是由蚯蚓变化而来的。

值得注意的是蚯蚓和百合的这种组合。出于某种原因，人们认识到蚯蚓和百合的相似之处。顺便提一下，如果查看《本草纲目》中关于蚯蚓的条目，就会发现它可用于治疗热病、癫痫，偶尔用于利便，以及具有解蜘蛛毒的功效。

如此一来，我们明确了百合药效的由来，但它为什么能治热病呢？其中一个原因可能是实验观察的结果。不过，中国人有一套可以解释世间森罗万象的通用原理，即“阴阳五行”。据此，蚯蚓属土，性寒，能解热毒，对通利大小便也有一定的功效。因此，与蚯蚓相似的百合也具有清热解毒、利尿通便的功效。

catricef. statim eximit eas. & similem
corpi facit colorem. Nomina isti herbe:
artemesia mono
glosos.

Amoeos: caristellum uocant. Alij:
toxotes. Alij: Ephesiam dicunt. Alij:
aristolochiam. Alij: partenicon. Alij:
apollisos. Alij: lysimachim: arteme
siam uocitant. Alij: sozusam. Alij:
lyoprax. Prophete: eantropum. Alij:
ceetesyam. Alij: omeantistisam. Alij:
theonissis. Alij: Bubastes. Alij: ostan
tropu. Alij: emeronum. Alij: geno
sefestus. Alij: Phylacterion. megam
Pitagoras: fexasam. Egyptij: alsaba
sar. Alij: Toxobuly dicunt. Nascit'

locis sablosis. ut montuosis. Prima cu
Herbam arte ra est: ad iter facien
mesiam si quis iter faciens dum;
secum portauit: n sentiet itineris
laborem. fugat etiam demonia: in
domo posita. phibet & mala medi
camina. & auertit oclos malorum. Ad pe
Herbam artemesiam dum dolore;
contundas. cum axungia: &
imponas. pedum dolorem tollit. Ad
Herbam arte intestinorum dolore;
mesiam tunsam & in puluerem
redactam. cum aqua mulsa potui
dabis. intestinorum dolorem mirifi
ce tollit. & diuersis infirmitatib; hoc
etiam si feceris: subuenit. Nom hbe:
artemisia tagantes;

-11-

出自《阿普列乌斯·柏拉图尼克斯手稿》。作于1200年左右的英国复制本，这些植物图的特点是极富设计性。

Amoeos. Grisantemis uocant. Egyp
tij: hym. Romani: Tanitum uocant.
Alij: tanacitan. Alij: tanacipan.
Prima cura ei' siquis febrib; uexat'.
Herbe artemesie tagantes suc
cum cum oleo roseo punges
febres statim tollit. Ad uesice dolo
Herbe arteme rem & strangu
sie tagantes. ex succo riam.
scripula duo. & uini cyatum unum.
dabis bibere. non febricitanti. febri
citantibus: in aqua calida cyathos
duos. et remedium erit. Ad cora
Herbam arteme rum dolorem.
siam tagantum tundis cum
axungia & aceto. subigis & ponis.
& ligabis. tertia die sine aliqua dif
ficultate sanabit'. Ad neruorum do
Herbam artemesi lorem
am tagantem cum oleo be
ne subactam imponis mirifice
sanat. Ad pedum dolorem siquis g
Herbe arteme rauiter uexatur
sie radicem cum melle dabis
manducare. post cenam. liberabi
tur. ut uix credi possit. tantam
habe uirtutem. Ut infante hylare
Herbam artemesi faciat.
am incende. & subfumigabis
infantem. omnes incursiones auer
tit. Nomen istius herbe: Artemesia.
leptafilos uirtutes plures habet

Herba ista nascit' circa fossas. ut
circa sepes. ut aggeres. flores ei'. ut
folia ipsius. si contriueris: sambuci
odorem habet. Ad stomachi dolorem.
Herbam artemesiam leptafillum
tunsam cum oleo amigdalino be
ne subactam more malagmatis. indu
cis in panno mundo. & linies. quinto die
sanabit'. & si fuit eius artemesie radix su
per limen edificij suspensa: domui nemo
nocebit.

Herbe arteme Ad neruorum dolore.
sie leptafillis suctum cum oleo
rosatio mixtum: punges eos. desinit
dolor. et tumor. & omne uitium tollit.
Nam has tres artemesias: diana dicitur
inuenisse. & uirtutes earum & medicamen
ta. chyroni centauro tradidit. qui primus
de his herbis medicinam instituit.
has autem herbas. ex nomine diane.

医学本草中的魔法元素

这种综合性的、联想式的、魔幻性的思想同样普遍见于西方的本草典籍。与神农尝百草的观念相似，对于每种植物的“本质”，人们采用了一种非实验性的、超越物质层面的方式来理解。

文艺复兴时期的代表人物吉安巴蒂斯塔·德拉·波尔塔就颇通此道。他试图从宏观世界和微观世界之间神奇的辩证关系中发现自然物的本质，并于1588年在那不勒斯出版了《草药形补学》（*Phytognomonica*），这本书建立了俗称的占星派草药学。

根据波尔塔的观点，植物的内在本性和药效必然通过其外观显现的某种“线索”来揭示，而新时代本草学家研究的一大课题就是正确识别这些“线索”。

据此，波尔塔提出了如下理论。多年生植物能延长人的寿命，一年生植物则会缩短人的寿命。茎中含黄色汁液的植物可以治疗黄疸，表面粗糙的植物则对皮肤肿疡和结痂有疗效。

其次，有些植物的形状与动物相似，据说能够治疗和解除相应动物造成的伤口和毒性。例如，有一种植物的穗很像蝎子的尾巴，它能解蝎毒。豆科植物的荚果呈新月形，因此具有月亮的效力——女性之力、神秘之力等。

波尔塔强调说，如果本草学家发现了人类牙齿形状的植物，就能治好牙痛，如果发现了心脏形状的植物，就能治愈所有心脏病。

从某种意义上说，他的主张很好地阐明了本草学家应该具备哪些素质。这里介绍的方法实际上是占星术和相面术的应用。当然，这与植物学或药理学无关。

本草学家也扮演了医生的角色，至于为什么本草学家必须拥有超人的力量，医学史家川喜田爱郎这样解释：“一般对于病人来说，他得了什么病是次要的。病人最关心的是能不能治好，什么时候治好，以及他会不会死。因此，医学最重要的任务之一，即确定预后，最初是以占卜的形式出现在医学史上。”（《医疗与医学的出现》）

川喜田的观点清楚地揭示了隐藏在本草起源中的与魔力相关的问题。起初，人们并不关注药草能否对人体产生

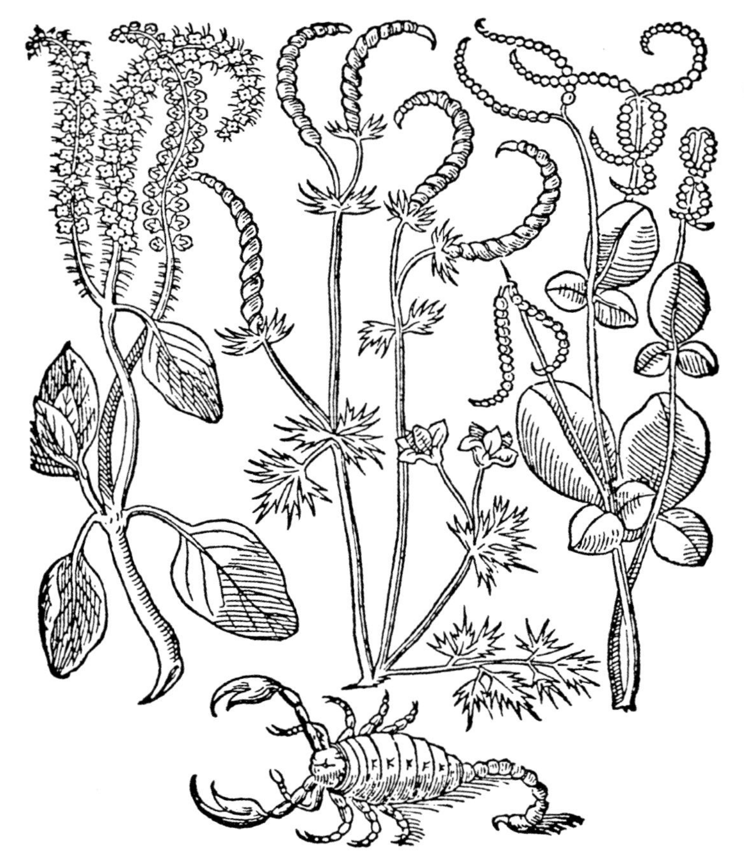

出自波尔塔的《草药形补学》（1588年），题为“与蝎子相似的植物”。有一类植物的荚果呈分节状，它们和香水草（*Heliotropium arborescens*）的花朵一样，都很像蝎子的尾巴，因此被认为能有效解蝎毒。

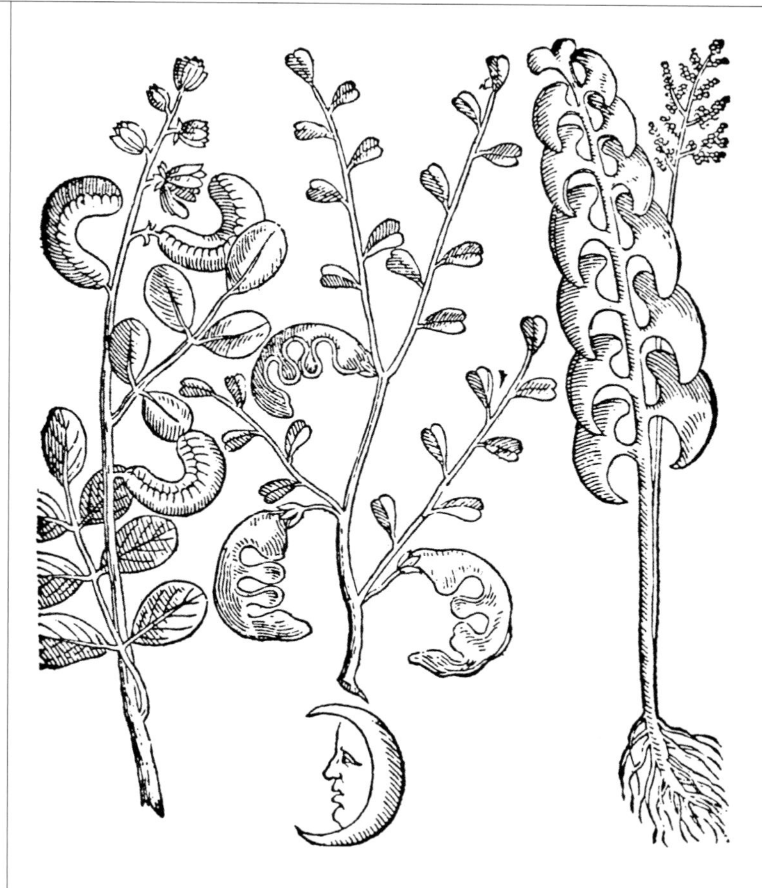

出自波尔塔的《草药形补学》，题为“与月亮相似的植物”。在占星学上，果实和叶子呈月牙形的植物被认为会受到月亮的影响，这也是当时的主流观点。

药效，只是把药草视为具有神奇力量的植物。

南天竹就是一个例子。这种植物自古以来一直被用于止咳和退烧，事实上，它也是一种含有生物碱的药草，具有麻痹作用。根据阴阳五行学说，南天竹性寒，属水，具有解热的功效。古有“白南天竹治咳嗽有效，红南天竹则无效”的说法，这是因为白色寓意寒冷，而这正是“观相学”的体现。

然而，即使用不到如此精细的本草知识，本草学家还是仅凭南天竹与“难转”（日语中意为“逢凶化吉”）一词发音相同，就赋予了南天竹万能的魔力。因此，人们在厕所和鬼门方位（东北角）种植南天竹，把它的叶子垫在红豆饭下，用于消毒。

可惜，将南天竹与“难转”画等号的说法并不令人信服，即使它出自药剂师之口。只有从本草学家，一个能称为超人本草学家的口中说出时，才有效力。为此，本草学家必须学识广博，这种素养使得他的诊断具有说服力。

这是否能说明为什么传说和神话对守护“健康花园”的人们来说尤为重要？若要继续谈论本草学家的资质，就不得不提“养命酒”的故事了。

“养命酒”酿造于江户时代的信州伊那谷地区，作为一种灵药深受当地人的喜爱。当然，它的确具有足够的药效，但人们对此酒有着近乎信仰的崇拜，是因为它背后的一段传说。

相传250多年前，伊那谷的村长救了一位倒在雪地里的旅人。旅人是位老者，体力恢复缓慢，于是在村长家住了一段时间。

老者恢复后，说：“我其实是一个外出游历的本草医生，那天冒着大雪进山里找药草，结果冻倒了。为了报答你的恩情，我要教你制作一种治病强身的秘药。”据说，这种诞生于伊那谷的灵药就是“养命酒”。

这位老医生的身份不得而知。不过，就他在雪地里差点丧命这一点，可以看出他是个货真价实的本草医生。本草学家们就是如此，走南闯北，周游四方。

本草学家留下了他们的灵药，进而催生出草药园。千百年来，人们一直以这种方式在大地上开辟着“健康花园”。

花之王国
kingdom of flowers

药用植物
Medicinal plants

药草

毒草

香草

圣草

出自P.马蒂奥利《本草释义图
书收录了许多自然植物插图
创彩插描绘的是“草中之王
菜）。正如它的名字一般，这
药草中的王者。

决明属

【原产地】埃及、苏丹。

【学　名】*Senna*：属名来自阿拉伯语“*al-senā*”，字面意思为“明亮”“闪耀”。

【日文名】せんな（senna[1]）：源于该植物的属名。

【英文名】senna：源于属名。alexandrian senna：亚历山大港是决明最重要的装运港，因而得名。

【中文名】决明。

1　此为罗马音，本词汇的英语音译读法。——译者

澳洲决明
Senna barronfieldii
豆科植物，原产于爪哇及澳大利亚，能开出美丽的黄色花朵。➡④

决明是决明属药草，在日本被用作泻药，该属还有许多其他药草品种。例如，翅荚决明是热带花木，也被用作遮阳树，但在中国和印度尼西亚，它的叶子被制成药材，用于治疗皮肤病。另外，河原决明正如其名，生长在河滩或河堤上，在日本民间是一种利尿的药物。原产于美洲热带地区的扁决明（望江南），其种子可做补药，叶子则被用来治疗毒蛇咬伤。决明原产于埃及和苏丹，是从亚历山大港出口的药草。铁刀木被当作建材和行道树。草决明的种子中加入扁决明后可用作决明茶的原料。其种子通常被称为“决明子”，也可以用作补药和利尿剂。

另外，中药番泻叶原产自印度南部，进口到日本后用作泻药，被誉为治疗便秘的良药，尤其适用于服用完驱虫药后刺激排便。

决明的药效成分是二蒽酮苷等。

人参

【原产地】东亚、北美洲。

【学　名】*Panax ginseng*：属名*Panax*源于古希腊语，意为“治愈万物”。泰奥弗拉斯特使用过此名。据说与中国人认为该植物是一种万能药有关。种加词*ginseng*是中文名的音译，经误传后演变而来。

【日文名】にんじん（人参）：源于中文名。おたねにんじん（御種人参）：江户时期因被栽种于幕府的药园而得名。ちょうせんにんじん（朝鲜人参）、こうらいにんじん（高麗人参）：朝鲜是该植物的特产地，因而得名。

【英文名】ginseng：与种加词的语源相同。

【中文名】人参：其根的形状与人相似，因而得名。

人参
Panax ginseng
一种名为“人参”的东方药草。此彩图很可能是欧洲第一幅人参彩图，其他两种植物长着类似人参的根，实为别的植物。不过，作者布克霍兹从来自北京的商人那里听来了这两个名字，分别为“威胜军人参”（下右）和“交州人参”（上）。➡⑮

人参堪称“药中之王”，其形态和神秘性可与西方的曼德拉草相媲美。与人参有关的传说在其主要产地朝鲜半岛不胜枚举。据说，人参最早是由朝鲜的金进士夫人培育出来的，她受山神托梦得到了人参的种子，之后，她像对待自己的孩子一样精心栽培与繁殖，并因此赚得盆满钵满。栽培种呈人形，根部仿佛人的两条腿，这是人工干预的结果。春天时在苗圃播种，一年后将幼苗移植。在移植的过程中，会刻意将其根部倾斜45°植入土壤。如此一来，根部从植株中部向下生出分叉，形成类似人腿的形状。而近地面处残留的根茎凸起部分形似头部，更增添了一丝神秘感。

日本最早栽培这种植物是在德川吉宗时期。当时，它的种子经由对马岛运到日本，并栽种于日光的药园中，之后再分发给各个藩。由于是将军赏赐的种子，因此被命名为“御种人参”。

人参的主要成分包括人参皂苷和各种维生素。具有多种药用功效，如促进新陈代谢等。

毛地黄属

【原产地】欧洲、西亚、中亚。

【学　名】*Digitalis*：属名源于希腊语中意为“手指”的词。其分开的花穗形如手套的指头，因而得名。

【日文名】きつねのてぶくろ（キツネの手袋，直译为狐狸手套）：英文名的意译。じぎたりす（jigitarisu）：属名的日语读法。

【英文名】foxglove：意为“狐狸手套”，与属名的命名思路相同。

【中文名】毛地黄：地黄为同科的一种药草，该植物的叶子背面生着绒毛，因而得名。

毛地黄
Digitalis purpurea
玄参科，原产于欧洲，花的内侧有深紫色斑点。➡㉕

毛地黄
Digitalis purpurea
最受欢迎的药用品种。不过，同株中开出了不同颜色的花，实属罕见。➡⑨

大花毛地黄
Digitalis grandiflora
开黄色大花。出自约瑟夫·罗克斯《药用植物志》。➡㉕

锈点毛地黄
Digitalis ferruginea
此属包括许多种类，其中一些没有药用价值。本种具有药用价值，其花朵也十分美丽。➡⑨

毛地黄是一种药用植物，甚至已成为强心药的代名词，其叶子干燥后可制成强心药和利尿剂。不过，它也是一种烈性药，许多国家规定，在没有医师指导的情况下禁止使用。

毛地黄在英国一直很受欢迎，人们亲切地称呼它为“狐狸手套”。不过，英国文艺复兴时期，在杰拉尔德、卡尔佩珀（Nicholas Culpeper）等人撰写的本草书籍中，毛地黄并未被列为药草。纵观当时的本草典籍，唯一将其描述为药草的是德国人莱昂哈特·富克斯（Leonhart Fuchs）。

1785年，一位据传是“魔女”的老妇人使用了几种草药来治疗水肿，英国外科医生威廉·威瑟灵（William Withering）得知后，首次提取了毛地黄的药效成分。19世纪，人们逐渐发现毛地黄具有强心的药效，不过，直到1935年才提取出其有效成分。

整株植物含有毛地黄苷，部分分解后会形成毛地黄毒苷，可作为一种强效的强心药。

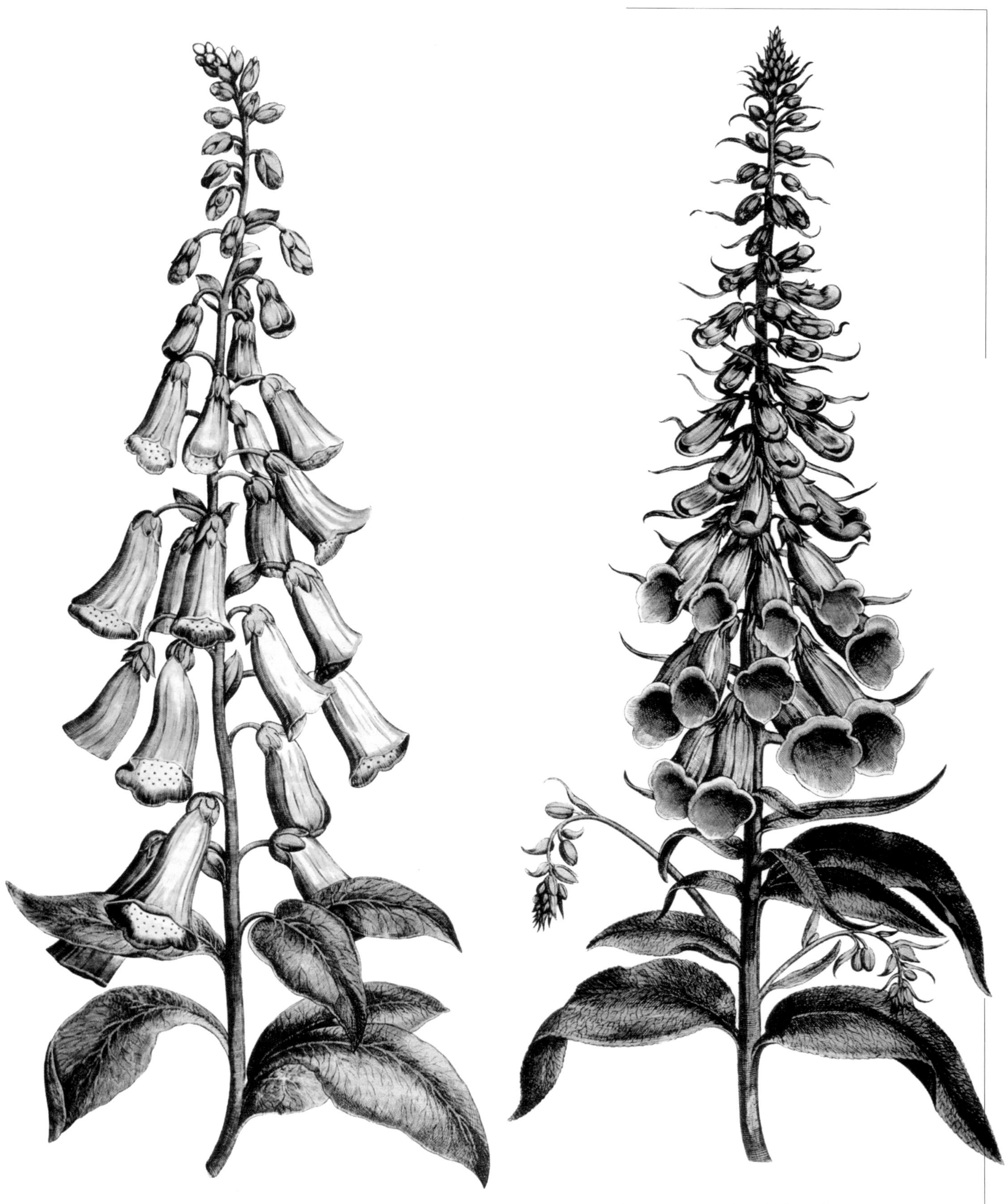

多倍体毛地黄（左），毛地黄（右）

Digitalis × mertonensis（左），*D.purpurea*（右）

由贝斯莱尔描绘，载于最早的植物图谱。花的形状十分有趣。

➡⑰

吐根

【原产地】南美洲热带。

【学　名】*Cephaelis*[1] *ipecacuanha*：属名源于希腊语，意为“头”。其花朵密生呈头状，因而得名。

【日文名】とこん（吐根）：其根部可用于催吐，因而得名。

【英文名】ipecacuanha：源于其原产地的图皮语系，意为“让人产生呕吐之意的树”。ipecac：缩略叫法。

【中文名】吐根：意为可以催吐的根。

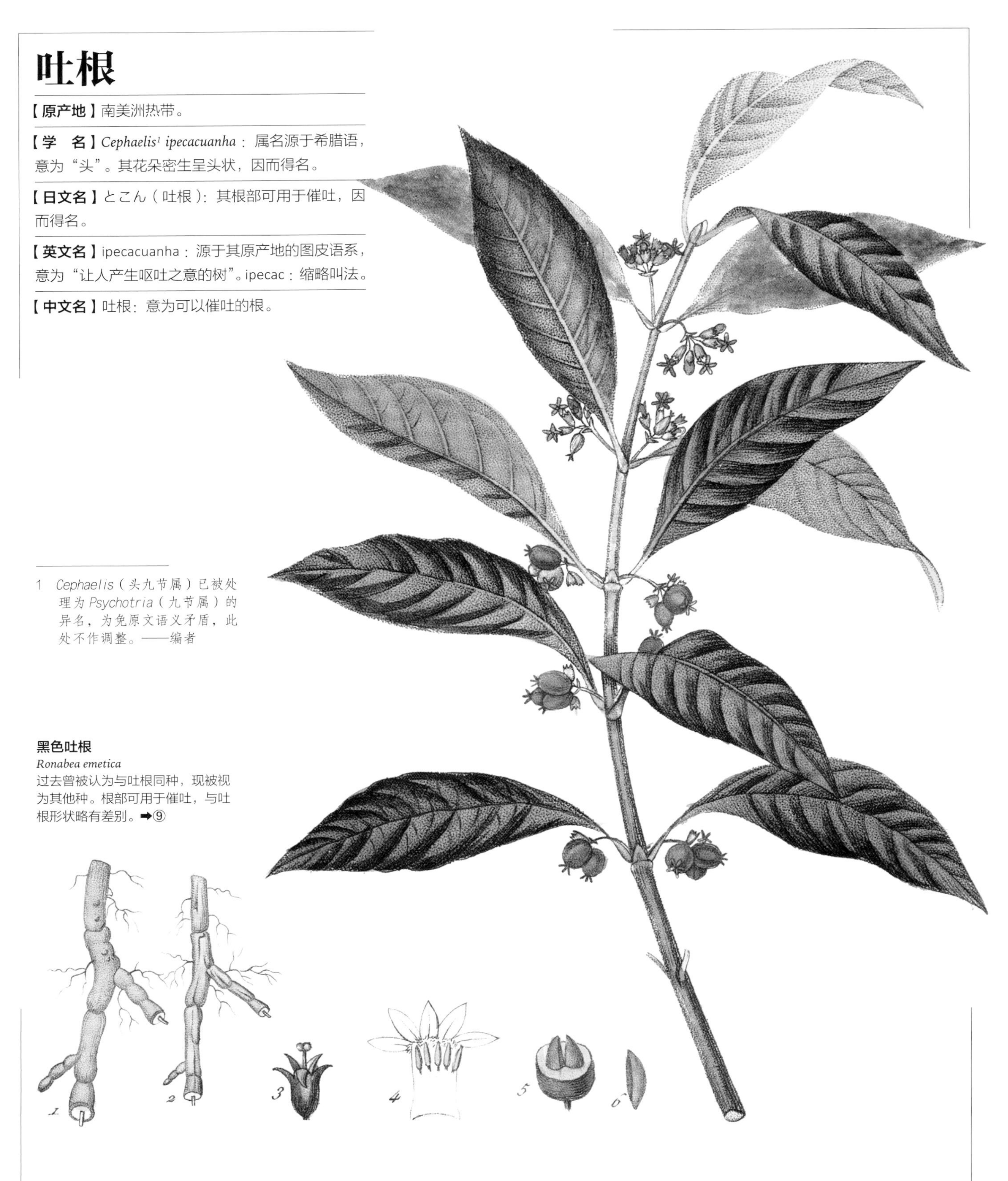

黑色吐根
Ronabea emetica
过去曾被认为与吐根同种，现被视为其他种。根部可用于催吐，与吐根形状略有差别。➡⑨

1　*Cephaelis*（头九节属）已被处理为*Psychotria*（九节属）的异名，为免原文语义矛盾，此处不作调整。——编者

吐根一种生长在巴西热带雨林的茜草科药用植物，根茎干燥后可入药。

它在巴西当地闻名已久，是一种用于治疗血痢的特效药。1672年，吐根首次传入欧洲，这归功于一位名叫雷古洛斯（Regulos）的旅行家，他将大量吐根带到了巴黎。在之后的1680年，荷兰著名外科医生爱尔维修（Helvétius）知道了这种药，并用它成功治愈了路易十四的王子们，路易十四便授予他这种药物的独家使用权。

几年后，法国政府以1000金路易的价格买下了这一使用权，并将其处方公之于众。不过，直到1800年，这种植物的标本才传入欧洲。

它的主要药效成分是生物碱，如用于催吐和治疗阿米巴痢疾的吐根碱。

大黄属

【原产地】中国。

【学　名】*Rheum*：属名源于伏尔加河畔的古斯拉夫语。大黄在古代曾是伏尔加河沿岸的特产。

【日文名】だいおう（大黄）：源于中文名。

【英文名】rhubarb：源于拉丁语，意为“异国的大黄”，后演变为英语。

【中文名】大黄：因其可入药的根部为黄色而得名。

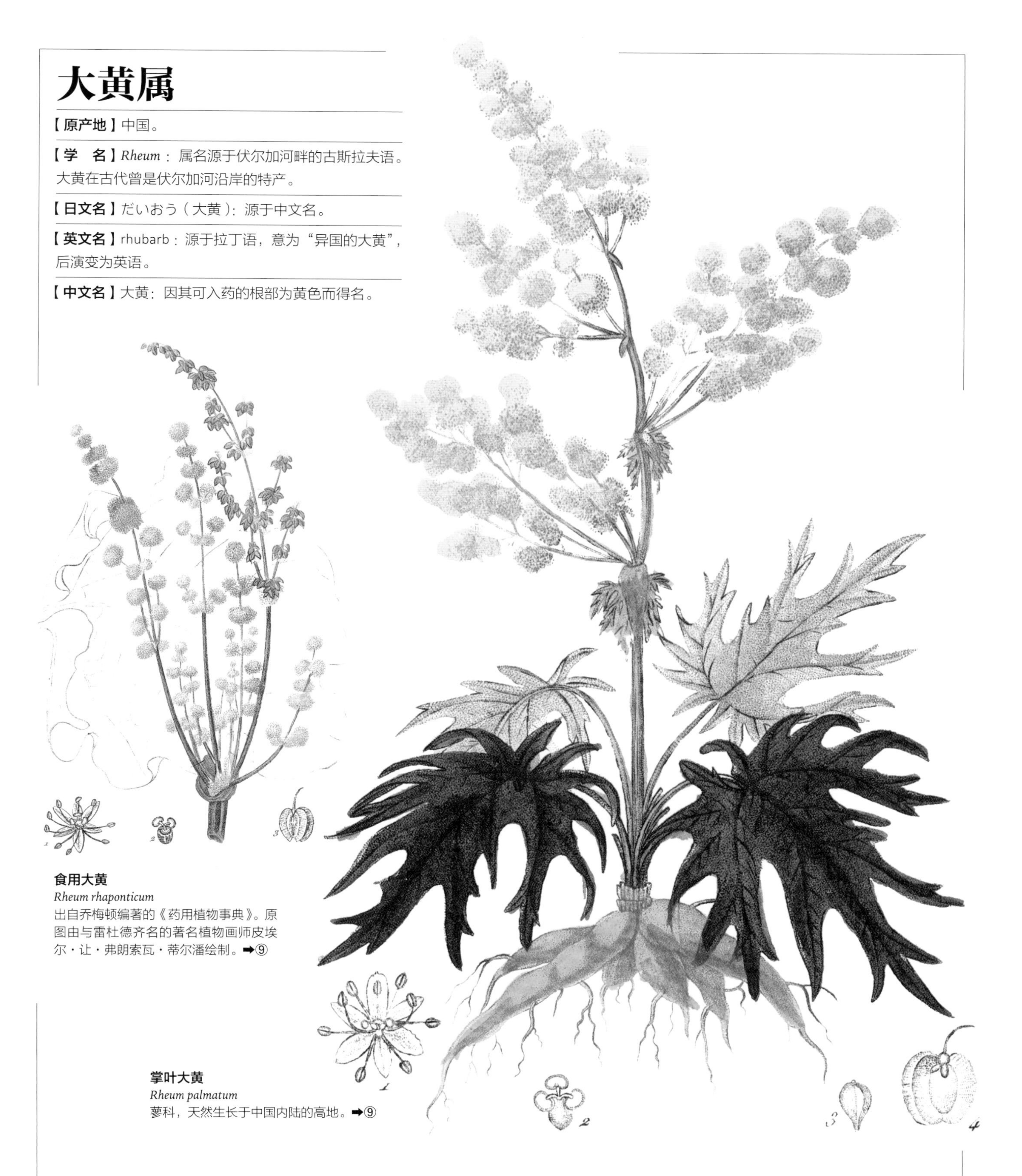

食用大黄
Rheum rhaponticum
出自乔梅顿编著的《药用植物事典》。原图由与雷杜德齐名的著名植物画师皮埃尔·让·弗朗索瓦·蒂尔潘绘制。➡⑨

掌叶大黄
Rheum palmatum
蓼科，天然生长于中国内陆的高地。➡⑨

这种植物的几乎所有近似种均被认为是有用的，包括日本栽培的药用植物朝鲜大黄、产于中国的药用大黄，以及在欧洲作为香草而种植的食用大黄，它们可以统称为“大黄”。

自古以来，这些大黄属植物在地中海地区就已为人所知，迪奥斯科里德的《论药物》中也有提及。该书提到，大黄的主要产地是小亚细亚，其根部与矢车菊的根部相似，但更轻，具泻下之效。大黄是当时从中国出口到欧洲的为数不多的药物之一。

特别是10世纪以后，大黄经由阿拉伯商人大量出口。到了近代，清朝与俄罗斯开始贸易往来，大黄成为中国的重要出口产品。在欧洲，它的茎被用来制作果酱和派的馅料。

其药效成分包括蒽醌类物质和番泻苷等，具有泻下和抗菌等作用。

刺柏属

【原产地】北半球。

【学　名】*Juniperus*：属名为拉丁名，曾被维吉尔和老普林尼使用。语源来自凯尔特语，意为“粗糙的”。

【日文名】ねすみさし（nezumisashi，鼠刺し）：叶尖呈针状，常用于驱赶老鼠，因而得名。ねず（nezu，杜松）：“nezumisashi”的缩略念法，汉字写法源于中文名。

【英文名】juniper：由属名演变而来。

【中文名】杜松。

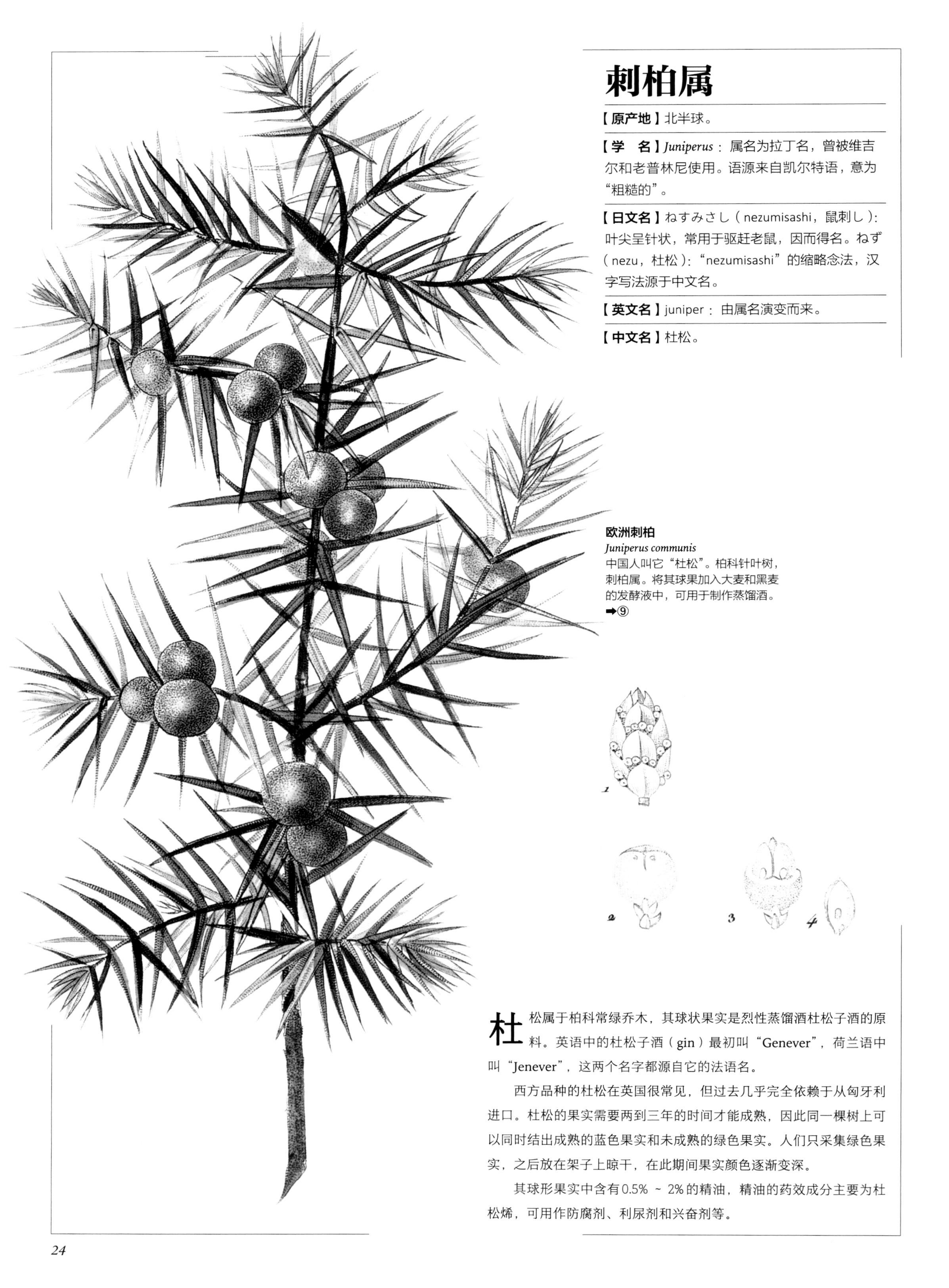

欧洲刺柏
Juniperus communis
中国人叫它“杜松”。柏科针叶树，刺柏属。将其球果加入大麦和黑麦的发酵液中，可用于制作蒸馏酒。➡⑨

杜松属于柏科常绿乔木，其球状果实是烈性蒸馏酒杜松子酒的原料。英语中的杜松子酒（gin）最初叫“Genever”，荷兰语中叫“Jenever”，这两个名字都源自它的法语名。

西方品种的杜松在英国很常见，但过去几乎完全依赖于从匈牙利进口。杜松的果实需要两到三年的时间才能成熟，因此同一棵树上可以同时结出成熟的蓝色果实和未成熟的绿色果实。人们只采集绿色果实，之后放在架子上晾干，在此期间果实颜色逐渐变深。

其球形果实中含有0.5% ~ 2%的精油，精油的药效成分主要为杜松烯，可用作防腐剂、利尿剂和兴奋剂等。

当归属

【原产地】北半球温带、新西兰。

【学　名】*Angelica*：属名源于希腊语，意为“天使”。当归常被用作媚药，又被视为可治疗各种疾病的特效药，宛如天使治愈人类一般，因而得名。

【日文名】とうき（当帰）：源于中文名，可用于中药的东方种。あんぜりか（anzerika）：源于属名的英语读法，狭义上单纯指代用于制作点心的西方种。

【英文名】angelica：学名的英语读法。

【中文名】当归：源于中国民间传说，意为外出采药的丈夫“应当归来”。

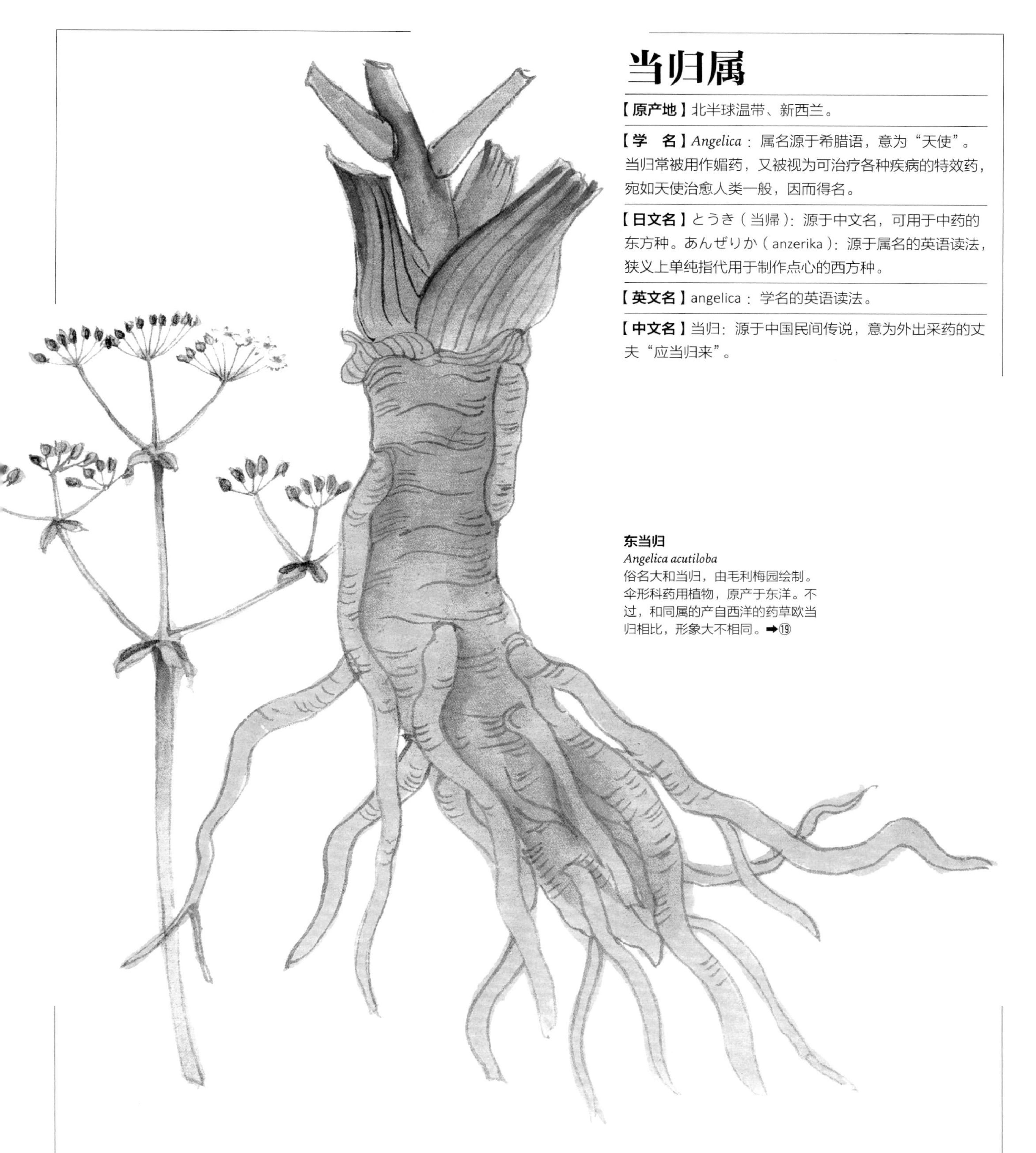

东当归
Angelica acutiloba
俗名大和当归，由毛利梅园绘制。伞形科药用植物，原产于东洋。不过，和同属的产自西洋的药草欧当归相比，形象大不相同。➡⑲

上图展示的东当归与西式点心中常用的欧白芷（也就是欧当归，请参阅本书第102页）同为当归属植物。日本、中国、朝鲜的当归品种各有不同。其根部可入药，奈良县吉野郡大深地区产的“大深当归”十分出名。

中国流传着这样一个民间故事。某个村庄附近有一座山，山上生长着许多药材。但是，山里有毒蛇猛兽，没人敢去采药。有的年轻人按捺不住好奇心，想去试试胆量。某天，一位年轻人决定进山，他告诉自己的新婚妻子，如果三年后他还没有回来，就当他已经死了。三年后，男人没有回来，他的妻子含泪嫁作他人妇。后来，男人带着堆积如山的药材回来了，但为时已晚。他的妻子悲痛伤感、忧郁不振而病倒，但多亏了这些药草，她才活了下来。于是，这种药草被命名为“当归”，寓意着这位丈夫“应当归来”。

当归的根部含有0.2%的精油，药效成分为藁本内酯，具有镇痛、通经之效。

灵芝属

【原产地】中国、日本。

【学　名】*Ganoderma*：属名源于拉丁语中意为“光泽”和“皮”的词，因其伞状表面有光泽而得名。

【日文名】まんねんだけ（万年茸）：该植物在中国象征着吉祥，故以“万年”命名。れいし（靈芝）：源于中文名。

【英文名】litchi：由中文名演变而来。

【中文名】灵芝。

灵芝（万年茸）
Ganoderma lucidum
灵芝是中国古代记载的“长生不老药”，属多孔菌科。这幅画是布克霍兹模仿中国花鸟图的作品。图中的汉字信息具有十分重要的意义。➡⑭

灵芝是一种菌类，属多孔菌科。中国自古以来就将其奉为圣药，道教一直将其视为吉祥的象征。在京剧代表剧目《白蛇传》中，灵芝是重要的故事元素，它只生长在昆仑山，是一种能让濒死之人起死回生的灵药。它也被称为“如意”，象征着“万事皆称心如意”，因其形状酷似佛教法器“如意”而得名。日本的《日本书纪》中也有关于它的描述，并同样将其视为吉祥的象征。干灵芝有时被用作装饰品。

中医主要将它作为滋养强壮的补药和镇静剂，用于治疗失眠、头痛、消化系统疾病、老年慢性支气管炎、慢性关节炎等疾病。近年来，人们发现它具有降压护肝之效，灵芝中所含的多糖类还有助于增强人体免疫力。

泽泻

【原产地】欧亚大陆、澳大利亚、非洲。

【学　名】*Alisma plantago-aquatica*：属名源于希腊语，由凯尔特语演变而来，意为“水”。迪奥斯科里德曾使用过该名。

【日文名】さじおもだか（sajiomotaka，匙沢瀉）：意为叶片形似汤匙的慈姑。おもだか（omodaka）：在日语中也写作“面高”，其叶片形似人脸，在营养充足的条件下能长到一人高，因而得名。

【英文名】water plantain：源于本种的种加词，意为“水生的车前草”。

【中文名】泽泻：“去水曰泻，如泽水之泻也。”因其有

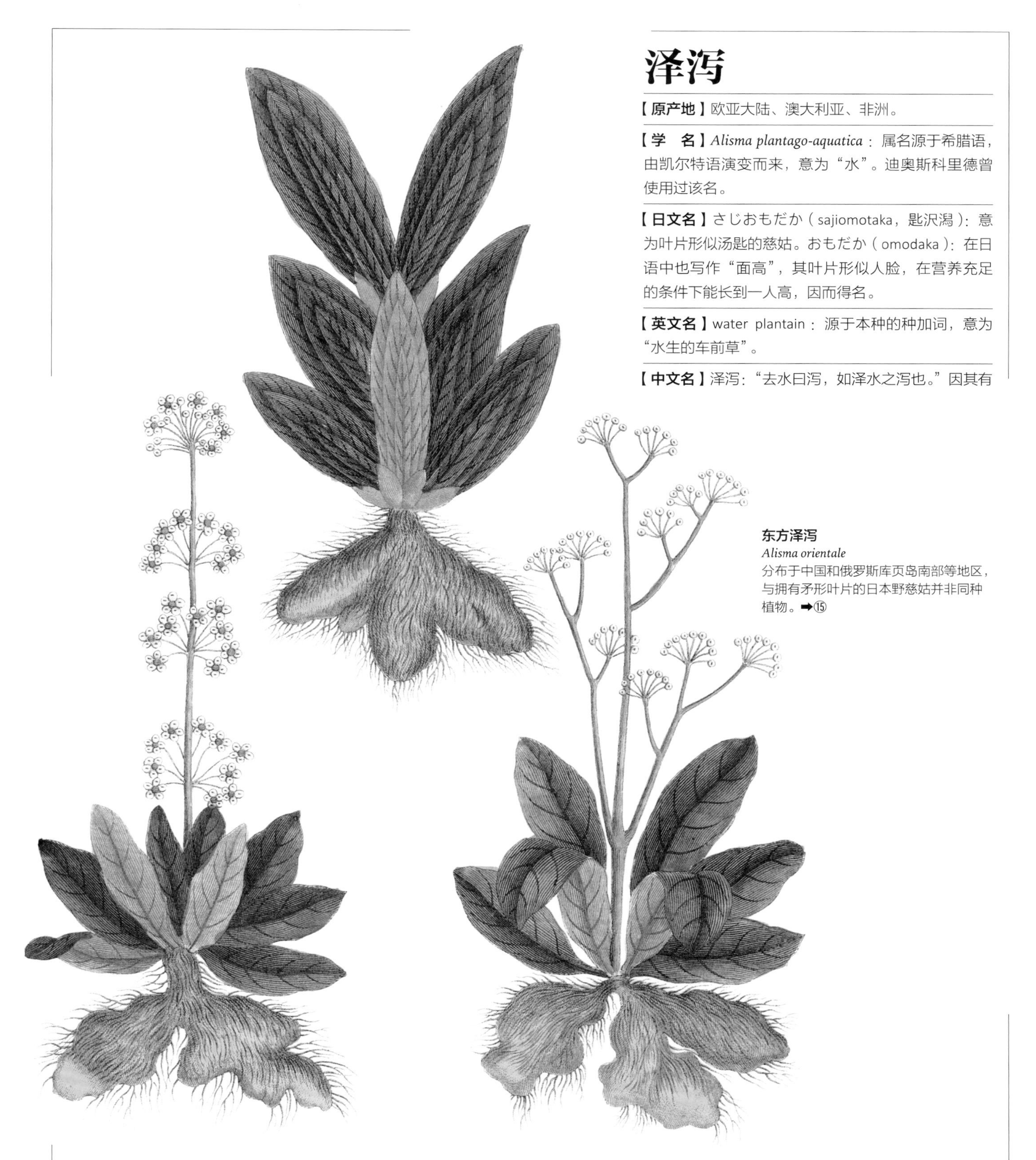

东方泽泻
Alisma orientale
分布于中国和俄罗斯库页岛南部等地区，与拥有矛形叶片的日本野慈姑并非同种植物。➡⑮

泽泻日本野慈姑关系亲密，中国和欧洲都将其作为药用植物。

日本野慈姑的特点是叶片巨大，呈箭头形，并酷似人脸。这种植物经改良后发展出种植品种慈姑，在日本主要用于制作新年菜肴。除食用外，民间还用它防治产后子宫出血。

另外，泽泻有利尿之效，全草入药，用于治疗肾炎、泌尿系统结石和血尿。它还具有降压的作用，能降低血液中的胆固醇含量。它在欧洲被称为“water plantain”（水生的车前草），也做药用。

它含有淀粉、蛋白质和三萜类化合物。

贝母属

【**原产地**】中国、日本。

【**学　名**】*Fritillaria*：属名源于希腊语，是一种使用骰子的游戏的名字。因其花的形态与这种游戏的道具相似而得名。

【**日文名**】あみがさゆり（編み笠百合）：属百合科，花瓣两面有网状纹路，因而得名。ばいも（貝母）：源于中文名。

【**英文名**】fritillary：属名的英语读法。

【**中文名**】贝母。

亚述贝母
Fritillaria assyriaca
一种十分强韧的植物，分布于伊拉克和伊朗周边地区。插图出自约瑟夫·罗克斯《药用植物志》，细致而优美。➡⑧

亚述贝母
Fritillaria assyriaca
据作者布克霍兹记述，Fig.1（左）为“越州贝母”，Fig.2为“峡州贝母”。图片引自欧洲最早介绍中国本草的书籍，但与贝母类并不相似，只有根部显示出某些百合科的特征。很可能是中国人先描画了简略图，作者再据此制成铜版画，因此造成偏差。➡⑮

贝母是百合科药用植物，在中国唐代就已广为人知。传说它是万能药，对妇科病的疗效更为显著。

中国江南地区有这样一个传说。从前有一位妇人，她的孩子总是刚出生不久就不幸夭折。说来也怪，她每次生产完都会立刻晕厥过去。第四次怀孕后，一位招摇撞骗的算命先生拼命唆使她生下孩子。妇人听了他的话，可孩子还是没能活下来。妇人伤心极了。这时，一位大夫出现了，建议妇人服用一种生长在山里的药草。她的丈夫走遍山野，找到了这种药草并煎煮给妻子喝。最后，妇人生下了一个健康的孩子。

妇人带着孩子向大夫道谢，并问他草药的名字，但大夫也不知道这草药叫什么。于是，妇人的婆婆便给它起了个名字叫“贝母”。“贝”是“贝宝”，指像宝贝一样可爱的孩子。

贝母的主要成分为贝母素等生物碱，具有抑制呼吸中枢的作用，可用于止咳祛痰。

皇冠贝母

Fritillaria imperialis

开出的花朵让人难以忘怀。比起药用性，其观赏性更为出名。➡㉕

龙舌兰属

【原产地】中美洲。

【学　名】*Agave*：属名源于希腊神话中一位女性的名字，字面意思为“高贵”。源于植物本身高雅优美的开花姿态。

【日文名】りゅうぜつらん（竜舌蘭）：叶片形似龙舌而得名。

【英文名】century plant：意为“百年植物”，人们认为它是百年开花一次的植物。agave：由学名演变而来。

【中文名】龙舌兰：与日文名相同。

青叶龙舌兰
Agave sp.
魏因曼所说的“美洲芦荟”恐怕就是指龙舌兰。18世纪时，芦荟和龙舌兰曾被视为同一种植物。➡㉖

龙舌兰
Agave americana
龙舌兰的代表品种。在墨西哥，人们用其叶子的汁液酿制名为“布尔盖”（Pulque）的发酵酒。➡①

新大陆阿兹特克人自古以来就将龙舌兰作为药用植物。现在，它被用作纤维的原料和制作饮料。

由于龙舌兰的形态与芦荟很相似，欧洲人认为它是美洲芦荟的一种，十分珍视它。西班牙等地也大面积种植着龙舌兰。不过，芦荟属百合科，龙舌兰与石蒜科是近缘关系，二者是完全不同的物种，所含成分也各不相同。

其叶子能入药，可直接使用，也可干燥后使用。叶汁、根部和树脂也都可以利用。因其钙盐含量高，可有效治疗佝偻病。它还能用于止泻、利尿和治疗痛经。此外，龙舌兰还可以用作杀虫剂和刺激反射的药。不仅如此，龙舌兰中的许多品种还含有皂苷元，它是一种类固醇药物的原料，19世纪末时被人们制成激素。

犁头尖

【原产地】印度、东南亚、澳大利亚。

【学　名】*Typhonium blumei*：属名源于希腊神话中的怪物提丰（Typhon）之名。

【日文名】りゅうきゅうはんげ（琉球半夏）：意为产于琉球、形似半夏的植物。

【中文名】犁头尖：因其矛状的叶片形似犁牛的头部而得名。

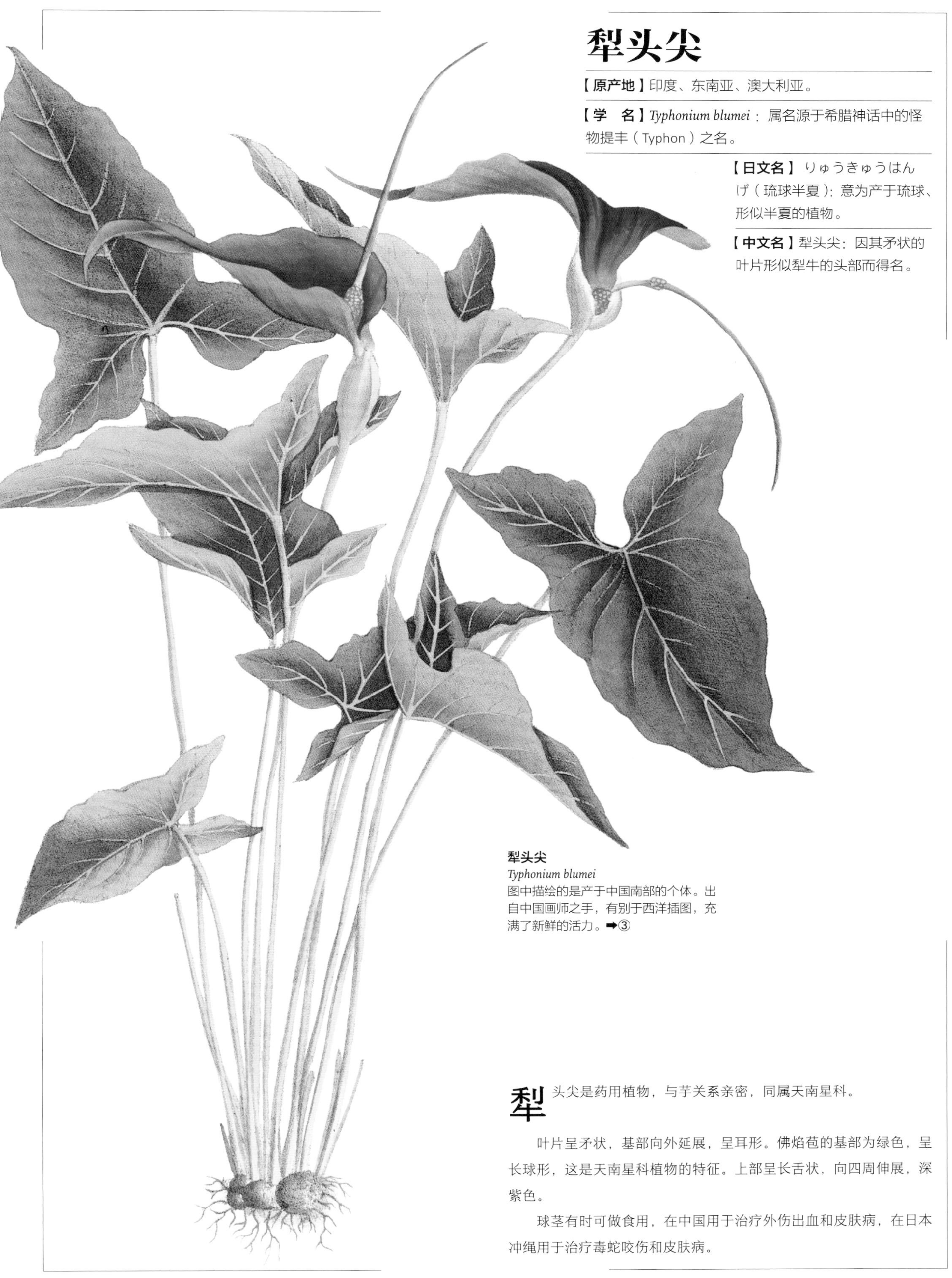

犁头尖
Typhonium blumei
图中描绘的是产于中国南部的个体。出自中国画师之手，有别于西洋插图，充满了新鲜的活力。➡③

犁头尖是药用植物，与芋关系亲密，同属天南星科。

叶片呈矛状，基部向外延展，呈耳形。佛焰苞的基部为绿色，呈长球形，这是天南星科植物的特征。上部呈长舌状，向四周伸展，深紫色。

球茎有时可做食用，在中国用于治疗外伤出血和皮肤病，在日本冲绳用于治疗毒蛇咬伤和皮肤病。

芦荟属

【原产地】非洲南部和东部。

【学　名】*Aloe*：属名源于由阿拉伯语“allcoh”演变而来的希腊语，意为“苦味”。

【日文名】あろえ（aroe）：属名的日语读法。ろかい（rokai，芦荟）：源于中文名。

【英文名】aloe：由属名演变而来。

【中文名】芦荟：阿拉伯语“allcoh”的音译。

非洲芦荟

Aloe africana

由魏因曼绘制，他创作的植物图谱被认为是18世纪最杰出的园艺工具书。与布克霍兹绘制的中国本草书一样，二人均是这一分野的先驱，但正因为如此，存疑的品种有很多。因此无法断言此图描绘的是否为非洲种。➡①

好望角芦荟

Aloe ferox

又名青鳄芦荟，于明治末年传入日本。➡①

木锉芦荟
Aloe humilis
原记载中描述其为“*humilis*”，但并没有显著特征表明它就是木锉芦荟。魏因曼这张画中的花盆十分精致，这说明18世纪时已经开始了盆栽种植。➡①

芦荟
Aloe vera
推测为*A.barbadensis*（巴巴多斯芦荟）的异名同种。原产于地中海沿岸，种植于南美洲的殖民地，因此种加词为“巴巴多斯”（西印度群岛的一个地名）。开的花十分美丽。➡①

非洲芦荟
Aloe africana
货真价实的产于非洲的芦荟。最为大众熟知的一种芦荟。出自魏因曼的《药用植物图谱》，异常精美。➡①

芦荟自古以来就做药用，在日本也是畅销药物，其中的许多品种原产于非洲和印度地区。古希腊人将其用作泻药，如今它依然是泻药的原料。

芦荟有着肥厚的多肉质叶片，从中提取的汁液具有显著的苦味。这种植物在埃及与没药一起被用于制作木乃伊。它在《圣经》中被视为一种珍贵的香料。对于中东地区很多人来说，芦荟是一种神圣的植物，他们将其种在墓地或挂在家门口以驱邪。在过去，人们曾将芦荟汁液凝固后的黑色团块作为商品进行交易。从这种团块上刮下的小碎片具有玻璃光泽，呈半透明状。迪奥斯科里德还提醒人们注意有许多仿制芦荟球是用其他植物的树脂制成的。在欧洲民间，人们把芦荟当作泻药，视同珍宝。中国更是早在唐代便有了芦荟球。

其主要药效成分为结晶性苦味物质芦荟素和芦荟大黄素，可治疗腹泻和用作健胃剂，但孕妇不宜使用。

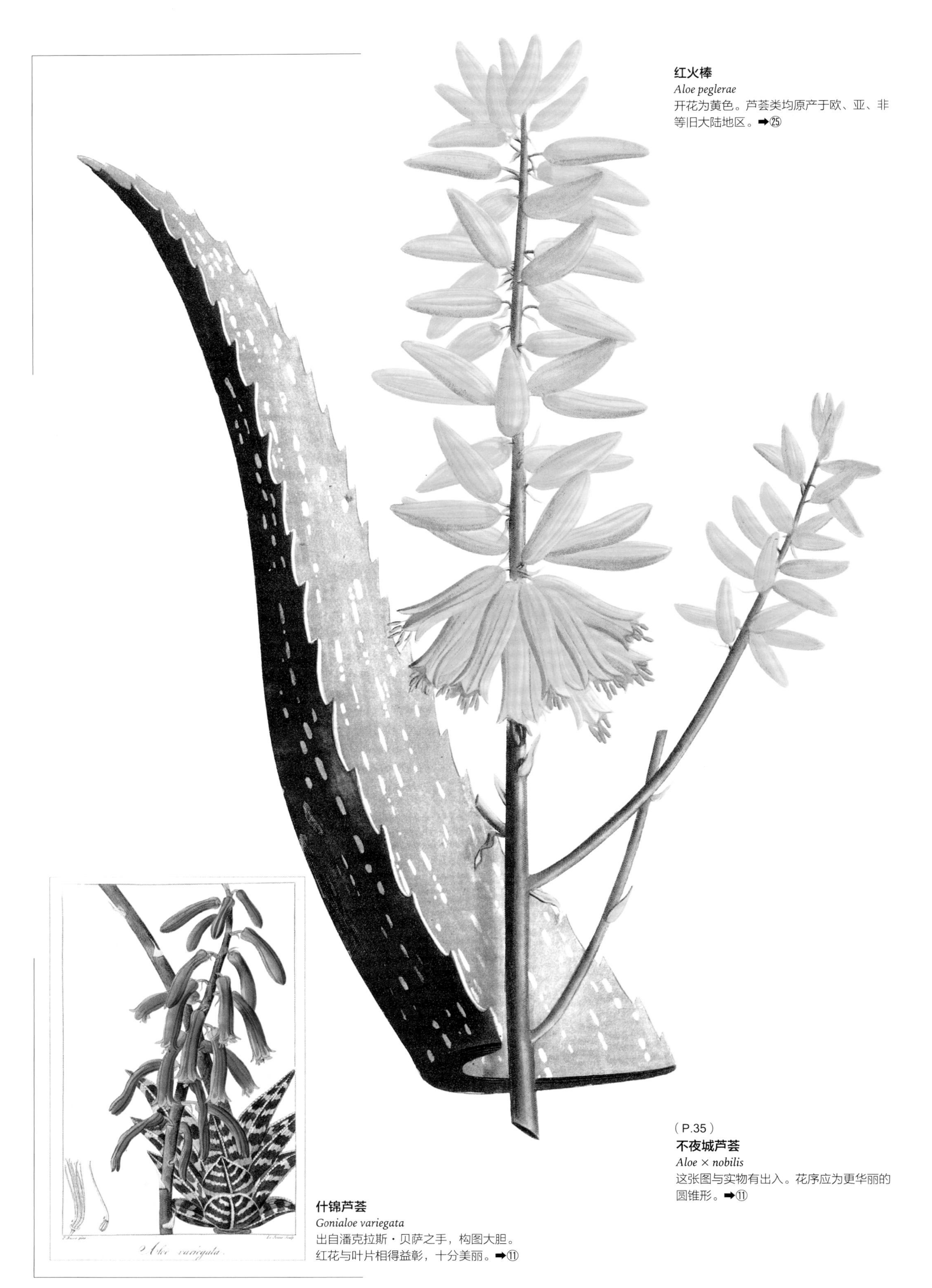

红火棒
Aloe peglerae
开花为黄色。芦荟类均原产于欧、亚、非等旧大陆地区。➡㉕

（P.35）
不夜城芦荟
Aloe × nobilis
这张图与实物有出入。花序应为更华丽的圆锥形。➡⑪

什锦芦荟
Gonialoe variegata
出自潘克拉斯·贝萨之手，构图大胆。红花与叶片相得益彰，十分美丽。➡⑪

1
2
3
P. Bessa pinx.
Le Jeune Sculp.

栀子

【原产地】亚洲、非洲。

【学　名】*Gardenia jasminoides*：属名源于美国医生亚历山大·加登（Alexander Garden）的名字，他也是林奈的友人。

【日文名】くちなし（栀子）：通常认为它的果实成熟后不裂开，即不开口，所以取名“口无”（发音为“kuchinashi”）。实际是结果之后的花萼呈口（kuchi）状，果实又形似梨（nashi），因此合称为“kuchinashi”。

【英文名】cape jasmine：意为“岬角的茉莉”，或源于南非种的名字。

【中文名】栀子。

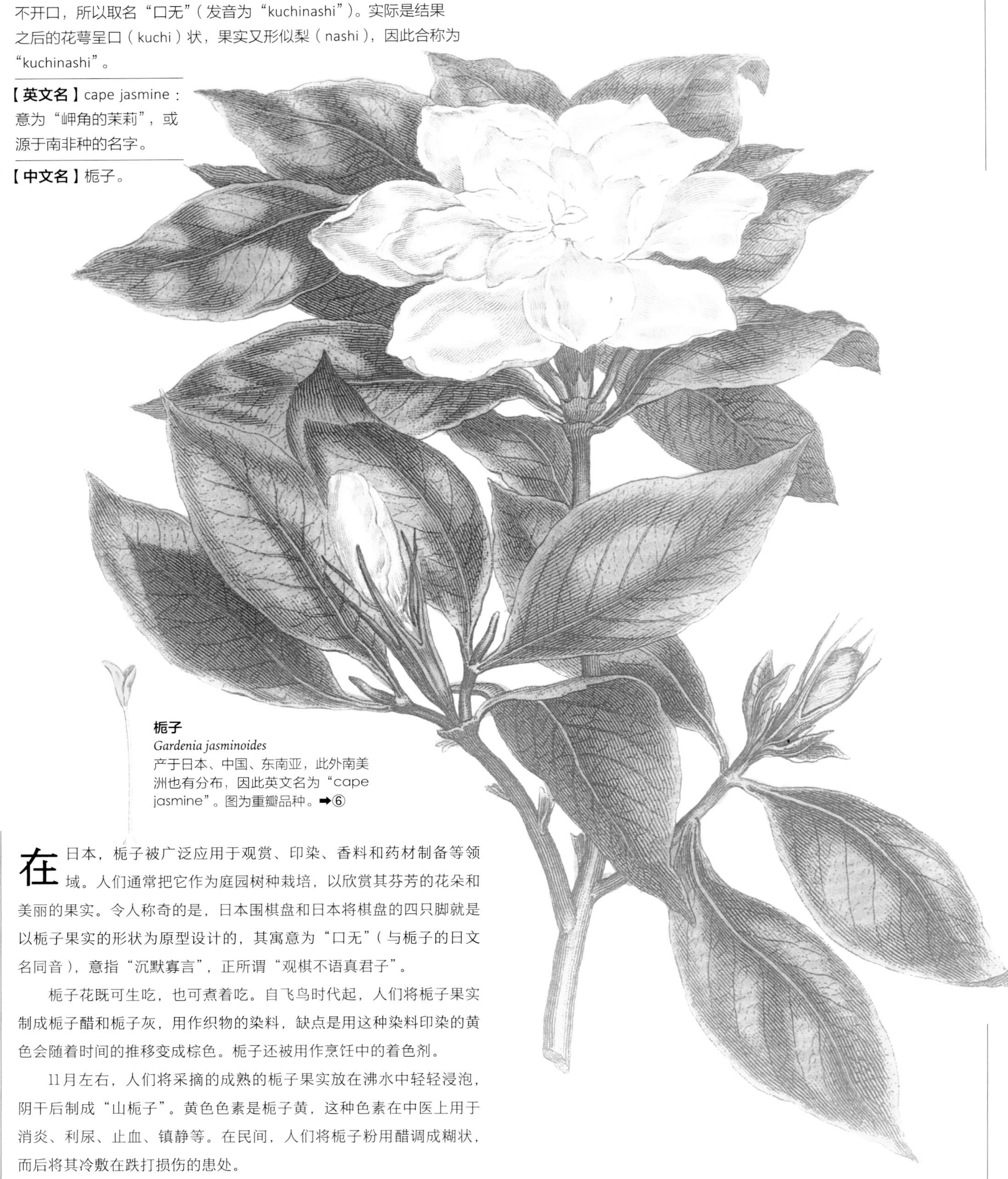

栀子
Gardenia jasminoides
产于日本、中国、东南亚，此外南美洲也有分布，因此英文名为“cape jasmine”。图为重瓣品种。➡⑥

在日本，栀子被广泛应用于观赏、印染、香料和药材制备等领域。人们通常把它作为庭园树种栽培，以欣赏其芬芳的花朵和美丽的果实。令人称奇的是，日本围棋盘和日本将棋盘的四只脚就是以栀子果实的形状为原型设计的，其寓意为“口无”（与栀子的日文名同音），意指“沉默寡言”，正所谓“观棋不语真君子”。

栀子花既可生吃，也可煮着吃。自飞鸟时代起，人们将栀子果实制成栀子醋和栀子灰，用作织物的染料，缺点是用这种染料印染的黄色会随着时间的推移变成棕色。栀子还被用作烹饪中的着色剂。

11月左右，人们将采摘的成熟的栀子果实放在沸水中轻轻浸泡，阴干后制成“山栀子”。黄色色素是栀子黄，这种色素在中医上用于消炎、利尿、止血、镇静等。在民间，人们将栀子粉用醋调成糊状，而后将其冷敷在跌打损伤的患处。

马利筋

【原产地】南美洲、北美洲。

【学　名】*Asclepias curassavica*：属名源于古希腊医神阿斯克勒庇俄斯（Asclepius）的名字。

【日文名】とうわた（唐綿）：意为生着绒毛的异国植物。其种子生有绒毛，偶尔被加在棉花中。

【英文名】blood-flower：意为“血之花”，因其花朵为橙红色而得名。

【中文名】马利筋。

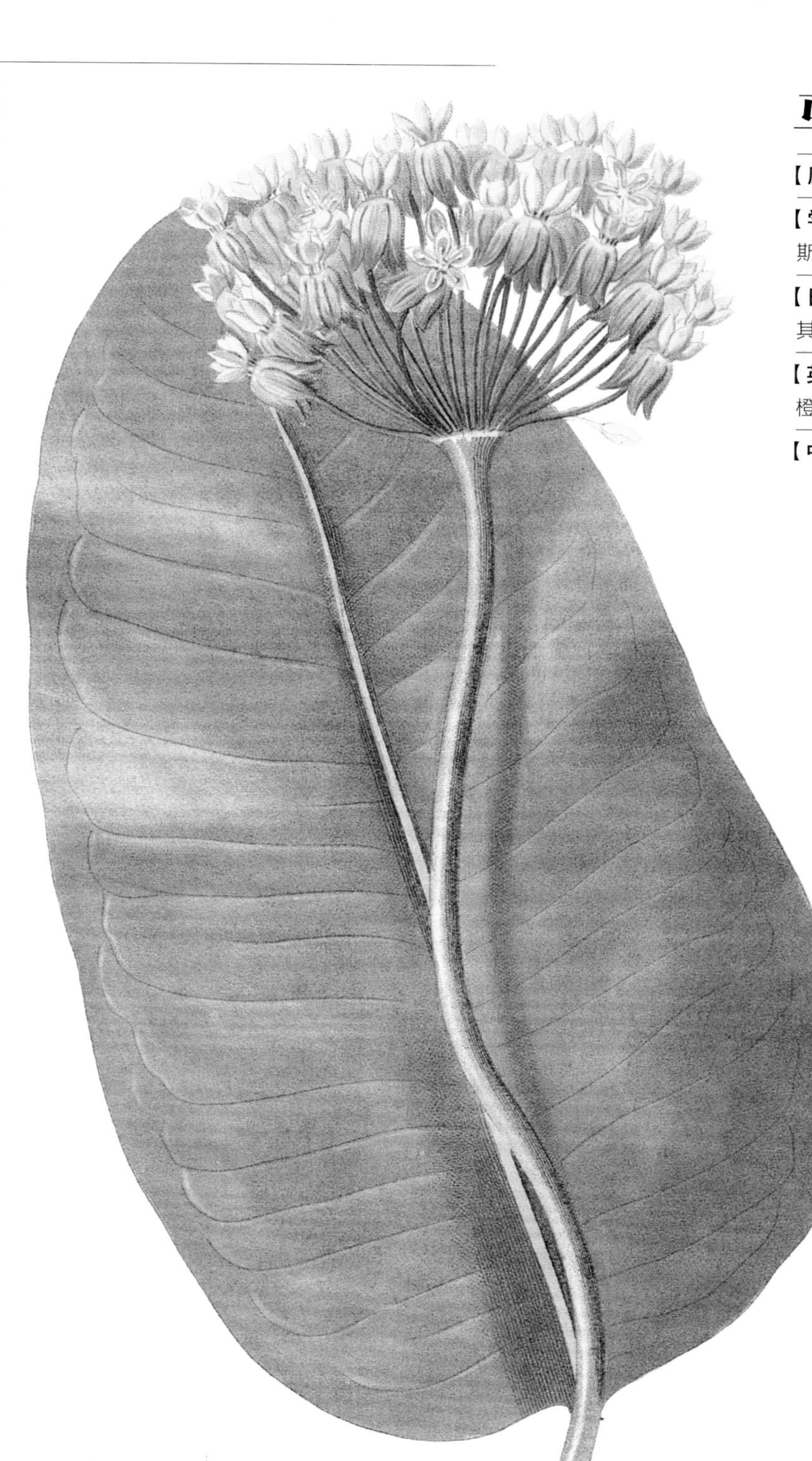

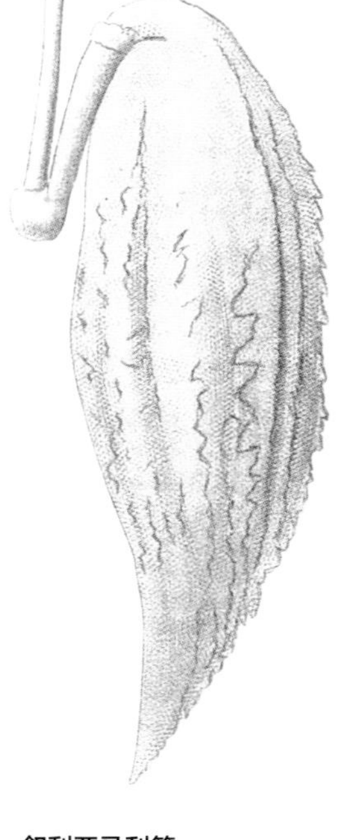

叙利亚马利筋
Asclepias syriaca
产于美洲大陆的药草。日文名“唐棉”指生着绒毛的种子，常被加在棉花中。
➡㉕

马利筋是原产于新大陆的园艺和药用植物，属于夹竹桃科。这是一种半灌木状的多年生草本植物，其长长的块根横卧在地下，草高可至一米多。马利筋广泛分布于整个热带地区，在这些地区全年开花，但在日本只逢夏季开花。在温带地区，它通常在温室中越冬，因此也可以将其视为一年生植物。

其所含的马利筋苷有毒，具有强心作用，是世界许多地方的民间药物。在中国，这种植物被用作消炎药，用于治疗乳腺炎和支气管炎等，花则被用作止血药。根具有催吐作用，因此也被称为“西印度吐根”，可作为吐根的替代品。其种子的长网状纤维还可用于棉混纺。

连翘属

【原产地】东亚、东欧。

【学　名】*Euscaphis japonica*：属名源于肯辛顿宫皇家花园园长威廉·福赛斯（William Forsyth）的名字。

【日文名】れんぎょう（連翹）：源于中文名。

【英文名】golden bell：意为“金色的铃铛”，因其黄色花朵形似铃铛而得名。

【中文名】连翘：“翘”指鸟尾上的长毛，其花朵形状会让人产生这样的联想，因而得名。

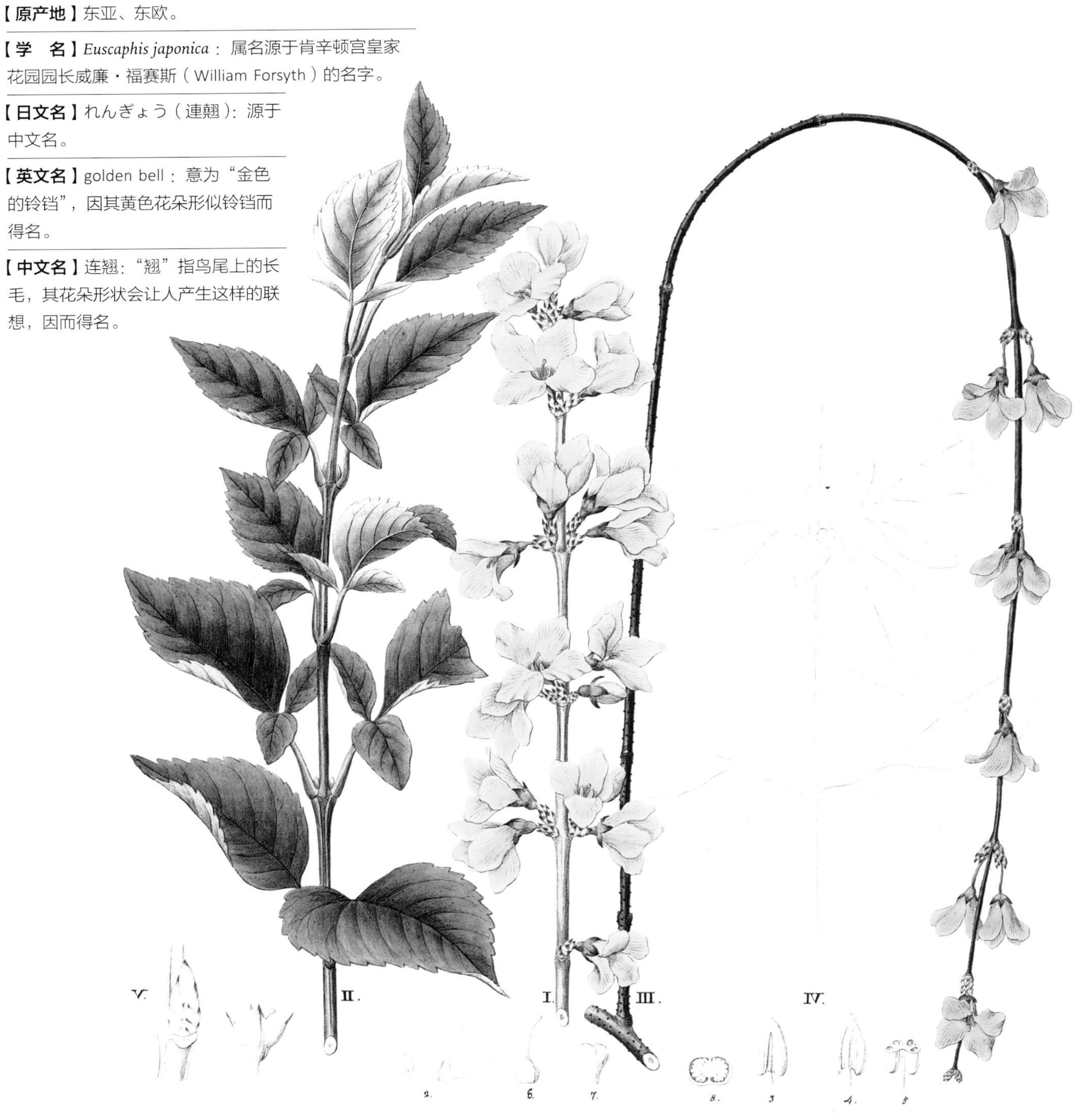

连翘是木樨科落叶灌木。原产于中国的品种在17世纪前就已传入日本，自古以来一直作为观赏植物而栽培。枝条长而下垂，落地而生根。早春的花根据植株的不同开有两种，一种花柱长，一种花柱短，同种花不能杂交。其果实在中医里被称为连翘，具有治疗肿瘤炎症、利尿、排脓、解毒的功效。

连翘于1833年传入欧洲，之后中国连翘于1845年传入欧洲，两个品种杂交后产生了园艺杂交种美国金钟连翘（*F.* × *intermedia*）。它开的花朵又多又艳丽动人，因此很快得以广泛种植。

其果实的主要药效成分是齐墩果酸，叶片中含有连翘苷和熊果酸，花和花粉中含有芦丁。

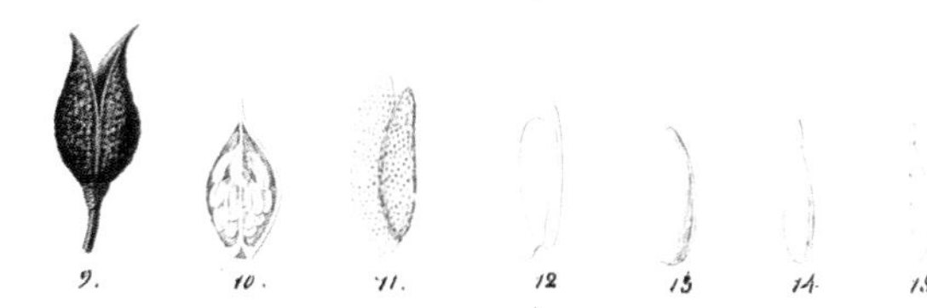

连翘
Forsythia suspensa
木樨科落叶小灌木，原产于中国。种加词有“悬吊”之意，源于其垂吊在空中的花朵。➜㉔

野鸦椿

【原产地】日本、朝鲜、中国。

【学　名】*Euscaphis*：属名源于希腊语，意为“美丽的花盆”，因其果荚的形状而得名。

【日文名】ごんずい（gonzui）：渔夫认为海泥鳅（gonzui）没什么价值，于是将同样没有什么利用价值的野鸦椿也称为“gonzui”。还有说法称熊野权现的护身符牛王杖（gooudue）是用野鸦椿的木材制成的，之后又演变成“gonzui”，成为这种植物的名称。

【中文名】野鸦椿。

野鸦椿
Euscaphis japonica
原产于东亚的珍贵品种。其红色的果实鲜艳夺目。种子有缓解下腹部疼痛的功效。➡⑦

II

I

野鸦椿只有一种，为单型属，分布于东亚地区。它属于落叶小乔木，生长在气候温暖的森林中，初秋时会结出一簇簇红色的果实。人们有时会出于观赏其果实的目的而种植它。到了每年8月，野鸦椿成熟后呈红色，每株花结3个蓇葖果，裂开后露出黑色的种子，种子被一层薄薄的假种皮包裹，一般有1 ~ 2个。

在中国，野鸦椿的果实或种子被用于治疗腹痛、腹泻、脱肛、子宫下垂、睾丸肿痛等。

蓖麻属

【原产地】东非。

【学　名】*Ricinus*：属名源于拉丁语，意为“蜱螨亚纲的”，因其种子与蜱螨相似而得名。

【日文名】とうごま（唐胡麻）：其意或为中国的芝麻。ひま（蓖麻）：源于中文名。

【英文名】castor bean：意为“装在调味瓶里的豆子”，因为该种是近代重要的药用植物。

【中文名】蓖麻：“蓖”原指茵陈蒿。ひましゆ（蓖麻子油）也源于此中文名。

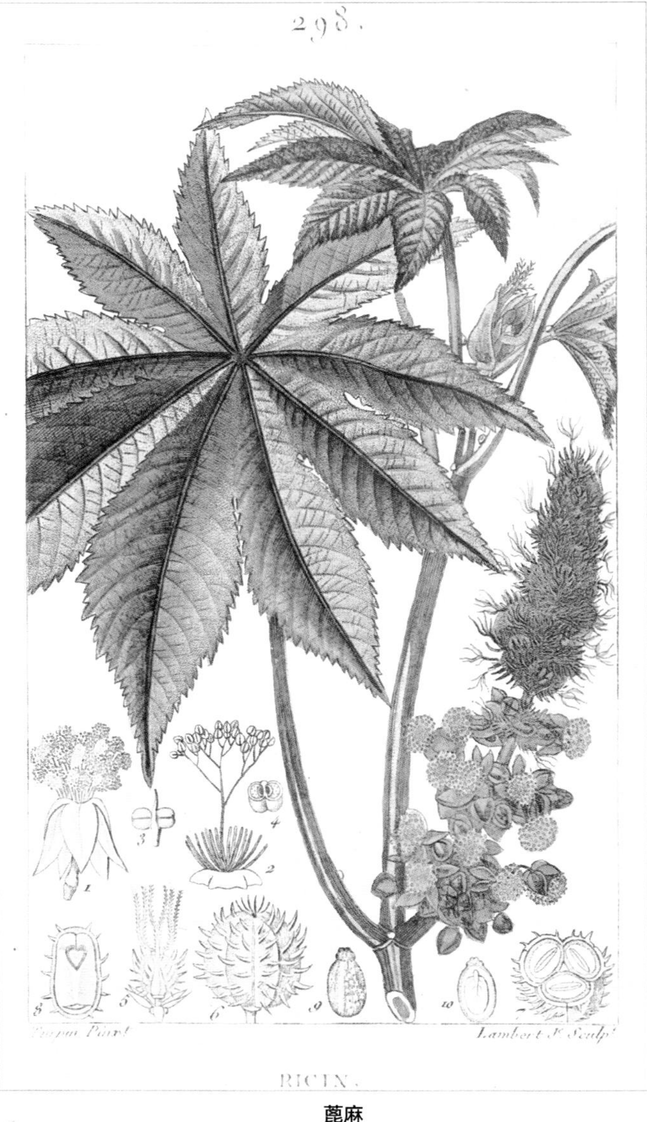

蓖麻
Ricinus communis
该图为蓖麻果实及种子的解剖图，其构造一目了然。➡⑨

蓖麻
Ricinus communis
出自若姆·圣伊莱尔的《法国植物》，这幅精美的作品是将作者的原图以点画笔法制成的铜版画。➡⑧

蓖麻属于大戟科植物，该科还包含许多奇异的多肉植物。蓖麻油就是从这种植物中提炼出来的。

其种子的胚乳中含有50%的油分，经榨取精炼制成蓖麻油，自古埃及时代以来就被用于润肠通便，已有6000年的悠久历史。蓖麻在公元7世纪传入中国，于公元10世纪传入日本。然而在欧洲，其药用价值在整个中世纪都被遗忘了。直到18世纪下半叶，蓖麻油才作为泻药重新被英国人发现，并在19世纪成为一种畅销药物。欧洲人也将其

当作观赏植物。

除通便外，蓖麻还被用作化妆品原料、印泥材料和润滑剂。过去，印度人为了获取绢丝而饲养蚕，养蚕的饲料就是蓖麻。今天蓖麻的主要产地是巴西。

其种子含有有毒蛋白质蓖麻毒素和毒性蓖麻碱，微量摄入会对人体造成致命伤害，加热后会分解。

蓖麻
Ricinus communis
出自约瑟夫·罗克斯的《药用植物志》，色彩惊艳动人。蓖麻也被称为“唐胡麻”，是蓖麻油的原料。产于东非。➡㉕

升麻属

【原产地】西伯利亚东部、中国、朝鲜、日本。

【学　名】*Cimicifuga*[1]：属名源于拉丁语，由“臭虫”“驱赶”两词合并而成。升麻可用作驱虫剂，散发着恶臭，连臭虫都避之不及，因而得名。

【日文名】さらしなしょうま（晒菜升麻）：“晒菜”在日语中是指将其叶子部分水洗后食用，“升麻”源于中文名。

【英文名】bugbane：意为“虫毒”，或因过去曾被用作驱虫剂而得名。

【中文名】升麻：《本草纲目》载“其叶似麻，其性上升”，因而得名。

1　升麻属（*Cimicifuga*）已被处理为类叶升麻属（*Actaea*）的异名。为避免原文语义矛盾，此处不作更改。——编者

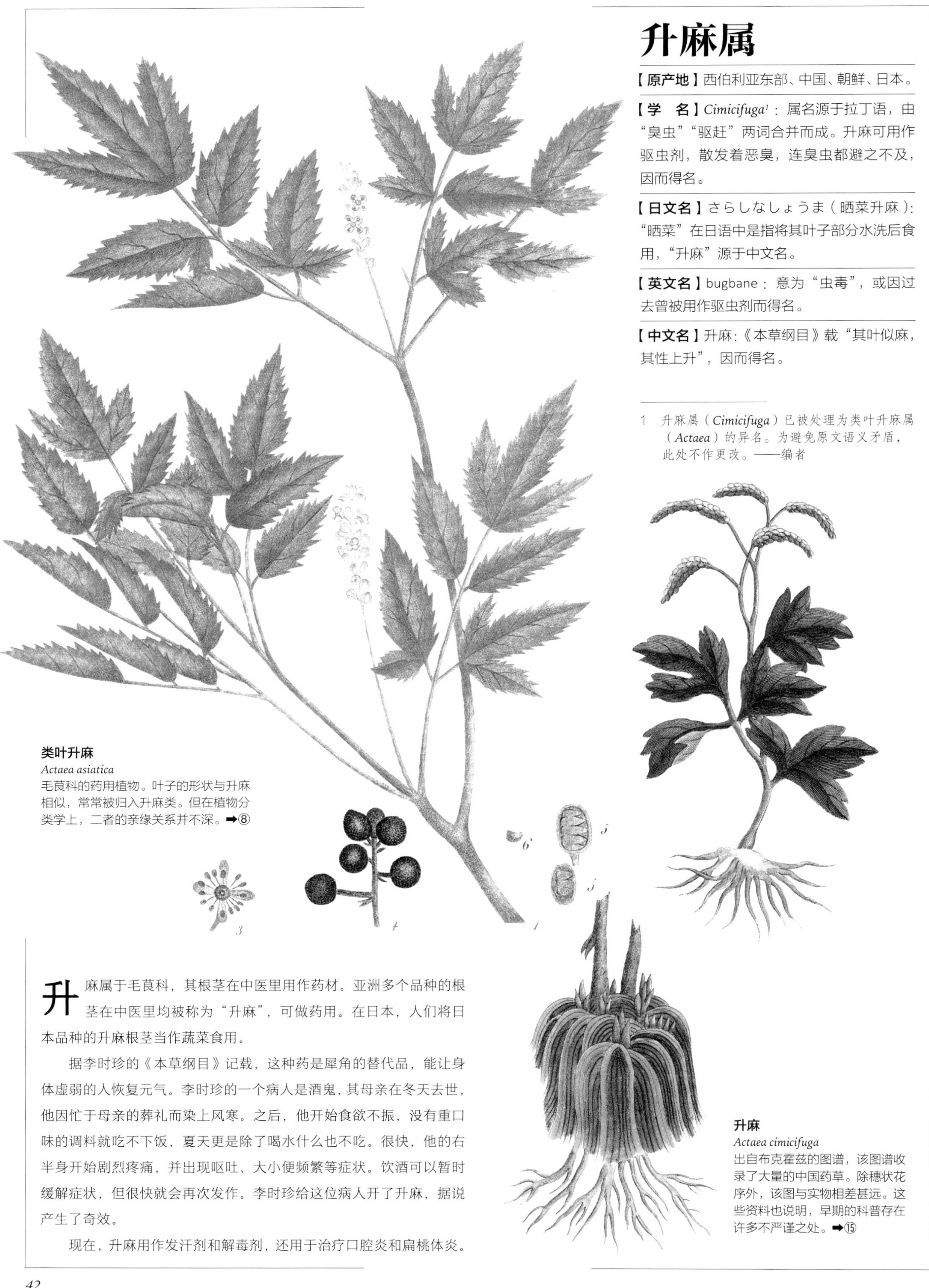

类叶升麻
Actaea asiatica
毛茛科的药用植物。叶子的形状与升麻相似，常常被归入升麻类。但在植物分类学上，二者的亲缘关系并不深。➡⑧

升麻
Actaea cimicifuga
出自布克霍兹的图谱，该图谱收录了大量的中国药草。除穗状花序外，该图与实物相差甚远。这些资料也说明，早期的科普存在许多不严谨之处。➡⑮

升麻属于毛茛科，其根茎在中医里用作药材。亚洲多个品种的根茎在中医里均被称为“升麻”，可做药用。在日本，人们将日本品种的升麻根茎当作蔬菜食用。

据李时珍的《本草纲目》记载，这种药是犀角的替代品，能让身体虚弱的人恢复元气。李时珍的一个病人是酒鬼，其母亲在冬天去世，他因忙于母亲的葬礼而染上风寒。之后，他开始食欲不振，没有重口味的调料就吃不下饭，夏天更是除了喝水什么也不吃。很快，他的右半身开始剧烈疼痛，并出现呕吐、大小便频繁等症状。饮酒可以暂时缓解症状，但很快就会再次发作。李时珍给这位病人开了升麻，据说产生了奇效。

现在，升麻用作发汗剂和解毒剂，还用于治疗口腔炎和扁桃体炎。

白鲜属

【原产地】欧洲、西伯利亚、中国、日本。

【学　名】*Dictamnus*：属名源于希腊语，原用于指代别的植物，据说是牛至或白蓟的名字。维吉尔和希波克拉底曾使用过该名字。

【日文名】はくせん（白鲜）：源于中文名。

【英文名】dittany：由属名演变而来。fraxinella：因叶片与白蜡树（属名*Fraxinus*）相似而得名。

【中文名】白鲜：根部为白色，又散发着类似羊的膻味，因而得名。

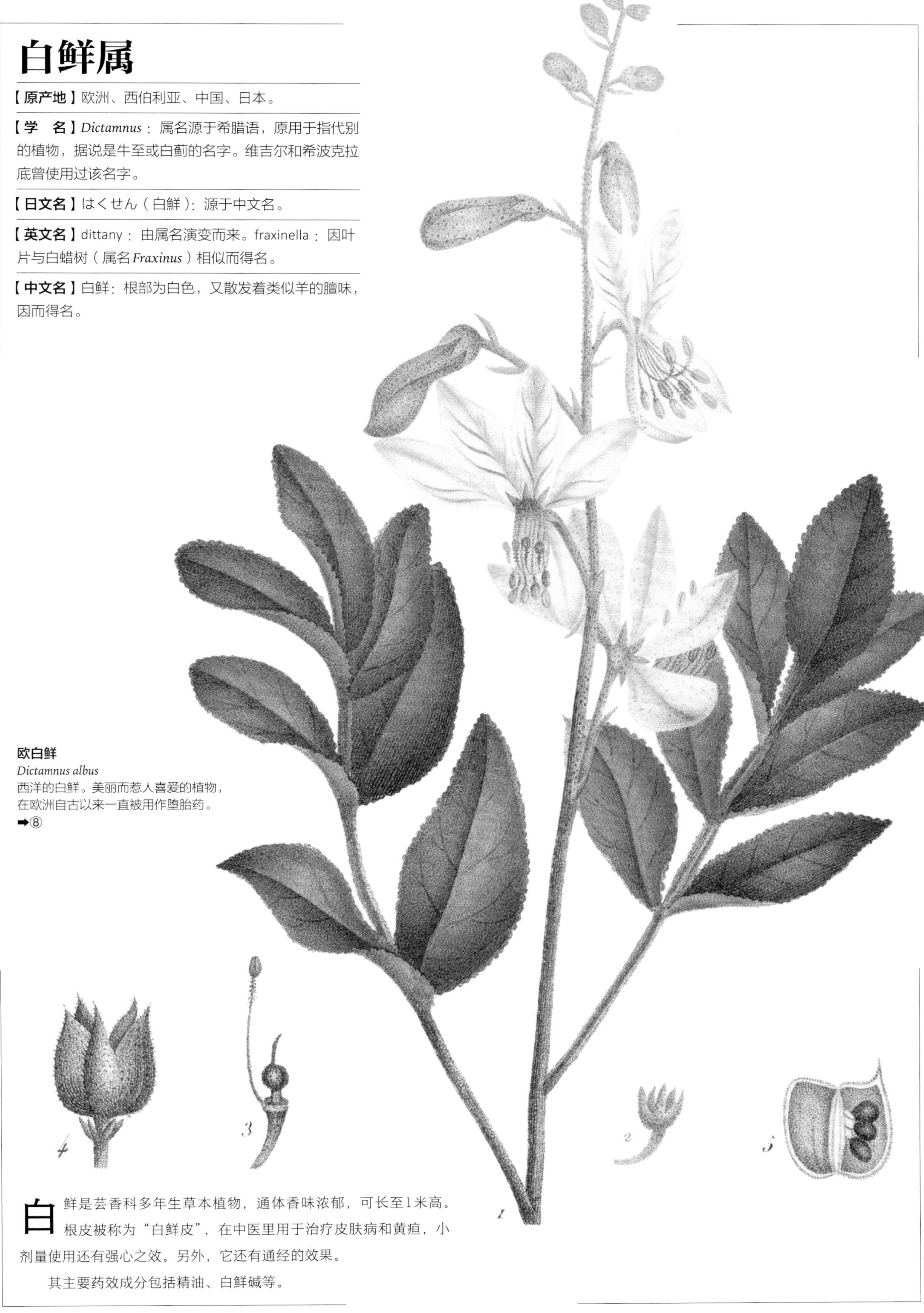

欧白鲜
Dictamnus albus
西洋的白鲜。美丽而惹人喜爱的植物，在欧洲自古以来一直被用作堕胎药。
➡⑧

白鲜是芸香科多年生草本植物，通体香味浓郁，可长至1米高。根皮被称为“白鲜皮”，在中医里用于治疗皮肤病和黄疸，小剂量使用还有强心之效。另外，它还有通经的效果。

其主要药效成分包括精油、白鲜碱等。

木瓜海棠

【原产地】中国、日本。

【学　名】*Chaenomeles cathayensis*：属名源于希腊语，由“张开大嘴”“苹果”两词合并而成。因为在过去，人们认为它的果实会开裂。

【日文名】ぼけ（木瓜）：源于中文名。

【英文名】flowering quince：意为“开花的榅桲”。榅桲与本属不同，但在过去曾与木瓜（*Pseudocydonia sinensis*）一起被归类于木瓜属。

【中文名】木瓜：中文里的“木瓜”与日本的木瓜海棠并非同种，通常认为是毛叶木瓜（*Chaenomeles cathayensis*）和木瓜的中间种。贴梗海棠：日本木瓜的中文名。

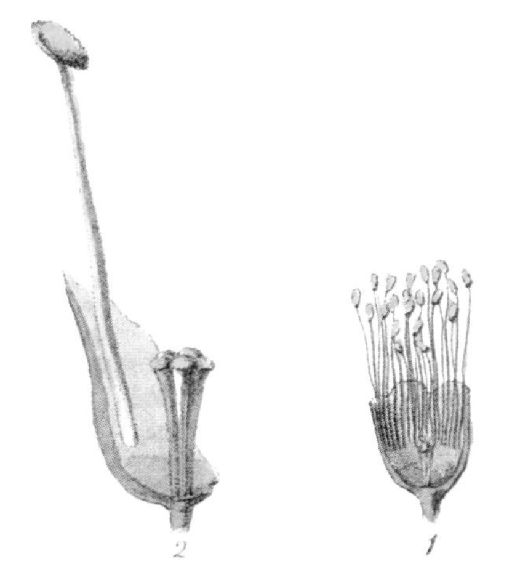

日本海棠
Chaenomeles japonica
灌木，果实可药用，木瓜的近缘种。种加词为“*japonica*”，是因为它曾被视为日本特有的植物。➡⑳

木瓜海棠属于蔷薇科落叶小灌木，与同属的日本海棠一样，果实可做药用。用于酿造果酒的榅桲也是同属植物。将木瓜海棠成熟的果实纵剖或横剖，晒干后得到的就是中医里所说的“木瓜”。

这种植物开花多、结果少。按照小野兰山的说法，这是因为它是雌雄异株的植物。后来，饭沼欲斋发现，有的单株既有雄花也有雌花，有的则只有雄花。

其药效成分包含柠檬酸、酒石酸等有机酸。中药木瓜可用于缓解因中暑而引起的肌肉痉挛；木瓜海棠和日本木瓜的果实可制成果酒，用于缓解疲劳。

山茱萸属

【原产地】中国、朝鲜。

【学　名】*Cornus*：属名源于拉丁语，意为“角”，因这种植物的木材十分坚硬而得名。其木材在过去被制成木剑，之后又用于串烧食材。

【日文名】さんしゆゆ（山茱萸）：源于中文名。

【英文名】cornelian cherry：意为“红玉髓樱桃”，也可以理解成法国酒精饮料“科努瓦耶”（Cornouaille）里使用的樱桃。

【中文名】山茱萸：其意或为在山中采摘的吴茱萸。

山茱萸
Cornus officinalis
这幅图很可能是欧洲人将中国人描绘的简略图重新制作的铜版画，图中的山茱萸与实物完全不符。➡⑮

欧洲山茱萸
Cornus mas
与山茱萸关系密切。圣伊莱尔绘制的插图总是如此优雅妙曼，其著作《法国植物》也是南方熊楠的珍藏之书。➡⑧

山茱萸是落叶小乔木，与灯台树为植物亲属。高度可达6 ~ 7米。从这种植物成熟的果实中提取的种子，晒干后可入药，中医将其用作补药和收敛药，也可用于治疗腰痛、头晕、耳鸣、尿频等。

同属的大花山茱萸是美国的代表花木。大正初年（1912年），东京市长尾崎行雄向美国赠送樱花树，美国政府则以花开满丛的大花山茱萸回赠日本。另外，梾木的心材可用于治疗骨折和镇痛。

山茱萸的药效成分尚不明确。

忍冬属

【原产地】日本、朝鲜、中国、欧洲。

【学　名】*Lonicera*：属名源于16世纪德国本草学家亚当·洛尼策尔（Adam Lonicer）的名字。

【日文名】すいかずら（吸葛）：花蜜丰富，将花放在嘴里就能吸出蜜来。“葛”在日语中指所有藤蔓植物。

【英文名】honeysuckle：意为“吸蜜”，与日文名的命名方法相同。

【中文名】忍冬：因其凌冬不凋谢而得名。

香忍冬
Lonicera periclymenum
忍冬家族的一员。产于欧洲，花朵极其艳丽。➡⑨

忍冬
Lonicera japonica
分布于中国和日本地区的忍冬。这幅图临摹了中国人的作品，与实物并不太相似。➡⑮

忍冬是一种既可观赏又可入药的藤蔓植物。这种植物初开花时花朵为白色或淡粉色，之后逐渐转变为金黄色，故而有“金银花”的美称。关于它的名字，中国民间还有这样一则故事。

很久以前，某个村庄里有一对双胞胎姐妹，分别叫金花和银花。她们貌美如花，想向她们求婚的男子络绎不绝。可是，姐妹俩亲密无间，难舍难分，于是都没有嫁人。有一天，姐姐高烧不退，连大夫也束手无策，宣告不治。不久，姐姐的高烧又传染给了妹妹，姐妹二人留下遗言，说来世要做一株药草，之后便双双撒手人寰。据说，从她们的坟里长出的便是金银花。

金银花的药效成分包括脂肪酸和类黄酮等，具有解热、解毒的作用。忍冬含有单宁酸和皂苷，具有利尿的作用。

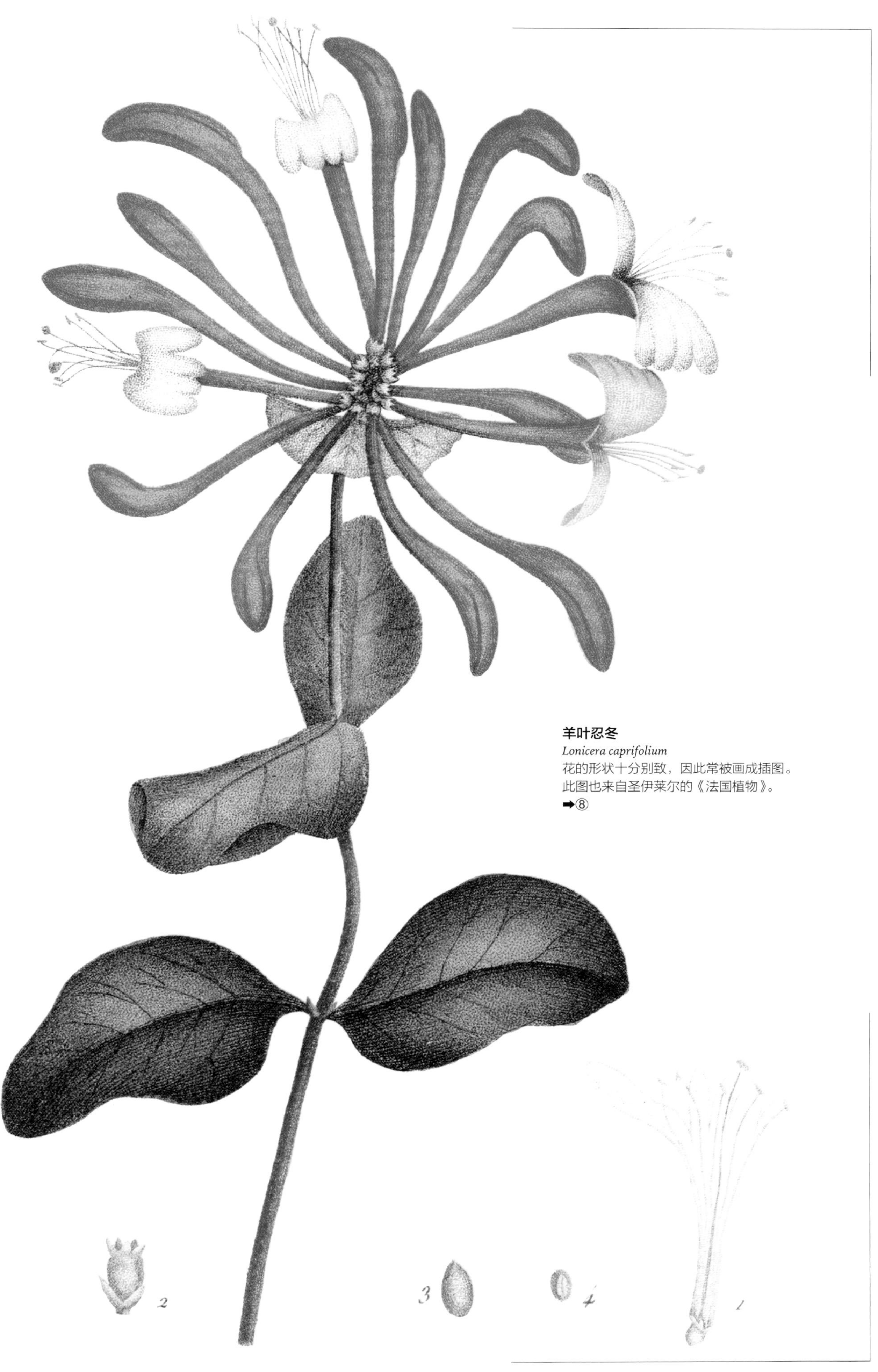

羊叶忍冬

Lonicera caprifolium

花的形状十分别致，因此常被画成插图。此图也来自圣伊莱尔的《法国植物》。

➡⑧

秋水仙

【原产地】欧洲、北非、伊朗。

【学　名】*Colchicum autumnale*：属名源于古代黑海沿岸的国家科尔基斯（Colchis），据传秋水仙是该国的特产植物。

【日文名】いぬさふらん（犬泊夫蓝）："泊夫蓝"指"番红花"，因秋水仙与番红花相似而得名。

【英文名】autumn crocus：意为"秋天的番红花"。meadow saffron：意为"生在草地上的番红花"。

【中文名】秋水仙：中国人认为它更像水仙，而不是番红花。

秋水仙
Colchicum autumnale
开出的花很像番红花，但只限8—10月的无叶期。➡⑧

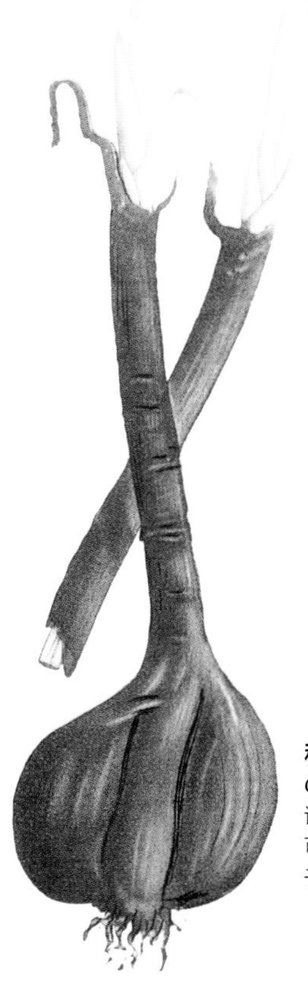

秋水仙
Colchicum autumnale
该植物证明人工加倍染色体是可行的。此后，它被广泛应用于细胞遗传学实验。➡㉕

秋水仙是一种与番红花十分相似的球根植物，根部含有毒物质。它有一个不同寻常的特性：即使没有水或土，放在桌子上也能出芽开花。

秋水仙根部的有毒物质会麻痹中枢神经系统，从而降低皮肤的痛感，剂量大时还会引起呼吸麻痹，进而导致死亡。据说，由于这种植物有剧毒，牛从来不吃它。其法语名的意思为"狗的杀手"。在英国，一名妇女在市场上将秋水仙误认为是洋葱，食用后中毒身亡。

其药效成分为秋水仙碱，是风湿病和痛风急性发作时的镇静剂，但由于有强烈的副作用，如今已很少被人们使用。

1937年，美国人布莱克斯利（Albert Francis Blakeslee）发现秋水仙碱具有使植物染色体加倍的作用。现在，人们利用这一特性改进育种，培育出无籽西瓜等多倍体植物。

秋水仙

Colchicum autumnale

百合科多年生草本植物，产于欧洲和北非地区，是农用秋水仙碱的原料。➡⑨

葛

【原产地】东亚、太平洋群岛。

【学　名】*Pueraria montana* var.*lobata*：属名源于瑞士植物学家马克·尼古拉斯·普埃拉里（Marc Nicolas Puerari）的名字。

【日文名】くず（kuzu，葛）：葛蔓（国栖蔓）的略称。“国栖”是奈良县的一处地名，葛是当地的特产植物，“蔓”指所有藤蔓植物。

【英文名】kudzu,kudzu-vine：源于日文名。“vine”指藤蔓植物。

【中文名】葛。

葛
Pueraria montana var. *lobata*
出自布克霍兹描绘中国本草的书。然而，这两张图看上去都有些模棱两可。通常情况下，葛的叶片三裂，大叶呈卵形。就叶子而言，需将这两张图中的叶子特征综合在一起才更接近葛。➡⑮

这种植物在东亚历史悠久，除了可用于制作淀粉、食用外，其根部干燥后可入中药。它的根茎较大，直径达30厘米，长3米，含有大量淀粉。在日本自古以来就广为人知，人称“葛根”。冬季，人们采集它的根部，捣碎之后浸泡在水中，这样便能获取淀粉。反复淘洗后，淀粉的质量会变得更高，可用于烹饪和制作点心。在南太平洋的一些地区，葛根的根部也可直接食用。

过去，人们从它的茎中提取纤维，用于编织葛布。中国人自古就把葛根当作止血药，取其叶揉碎后直接涂在伤口上。人们还认为它能防止醉酒。在日本，据说如果将阴干的葛根花泡入酒中饮用就不会让人喝醉。

中医也称其为“葛根”。除淀粉外，它还含有异黄酮和大豆异黄酮等，能降压、促进血液循环，另外还有解热作用。

车前

【原产地】亚洲、欧洲、北美洲。

【学　名】*Plantago asiatica*：属名源于古拉丁名，意为“脚掌”。其叶片形似脚掌，又说该植物越是遭踩踏，长势便越好，因而得名。

【日文名】おおばこ（大葉子）：因其叶片硕大而得名，有时也写成中文名的“车前”。

【英文名】plantain：由属名演变而来。rib-wort：意为“田畦里的草”。

【中文名】车前：生长在路边，常常在车子前看见它。因而得名。

PL.XVI.
To the Right Honourable Lord Carysfort
This plate is most humbly Dedicated by his Lordships most Obed.t & Obliged Serv.t
Moses Harris.

对叶车前
Plantago indica
广泛分布于欧洲地区，如插图所示，该植物总是吸引着许多昆虫。出自摩西・哈里斯的蝴蝶图谱杰作《奥勒良：英国昆虫自然史》。➡⑬

车前在日本是一种常见的杂草，人们认为它具有缓解疲劳的药效。其属名和英文名都是“脚”的意思。这是因为它的叶子形状会让人联想到脚掌。

在英国民间，人们相信只要把它的叶子揉碎了抹在脚上，就能缓解旅途疲劳；如果放在袜子里，便能使人耐得住漫长的旅途。在莎士比亚时代，车前作为疗伤、退热的药草备受赞誉。它还可以用于冷湿敷，人们会把它的叶子敷在小腿和头部的轻伤处。车前在基督教中是祈求救济的平民大众的象征，中国人则认为车前可以轻身防老。

在中医里，车前的种子被称为“车前子”，其药效成分为琥珀酸；全草被称为“车前草”，其药效成分为苷类。

樟

【原产地】日本、中国、东南亚。

【学　名】*Cinnamomum camphora*[1]：属名源于古希腊语，指肉桂。种加词“*camphora*”源于阿拉伯语，指樟脑。

【日文名】くすのき（kusunoki，樟の木）：根据牧野富太郎的说法，来源于《和训栞》中“奇妙”（kusushiki）一词，但不能作为定论。

【英文名】camphor tree：与种加词属同一语源。

【中文名】樟。

1　该学名已修订为 *Camphora officinarum*，鉴于原文系解释过去学名，此处不做调改。——编者

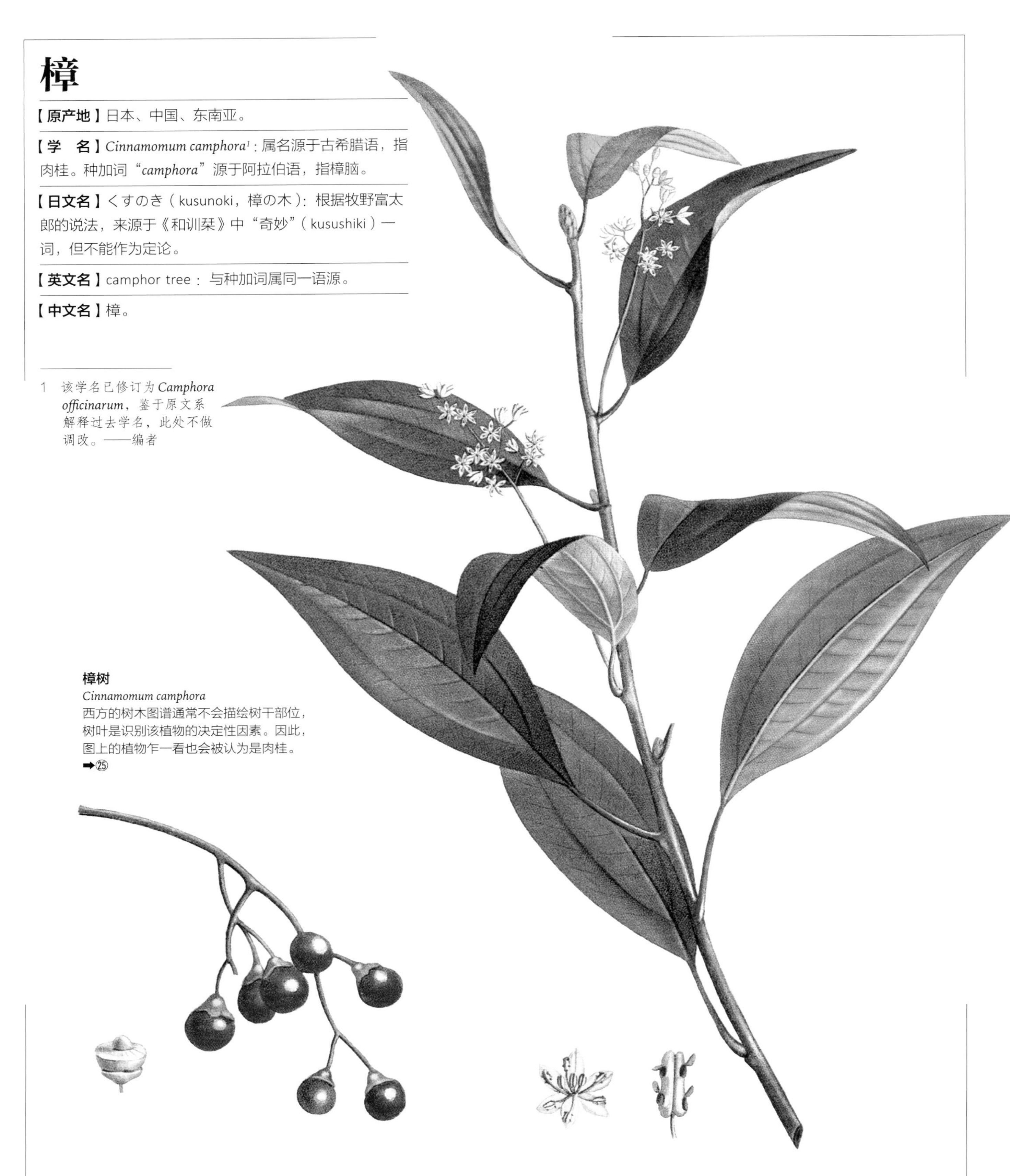

樟树
Cinnamomum camphora
西方的树木图谱通常不会描绘树干部位，树叶是识别该植物的决定性因素。因此，图上的植物乍一看也会被认为是肉桂。
➡㉕

樟树是一种常绿乔木，树高可达40米以上，原产于亚洲，与肉桂同属。从樟树中可以提取樟脑。它的木材不易受虫害，硬度高、防水性强，是建筑和造船领域不可或缺的材料。

樟树的树龄很长，几百年的古树十分常见。日本的寺庙里通常种有这种树。在古代，龙脑是一种非常重要的香料，但极其稀有，且价格昂贵。因此在12世纪左右，中国人从樟树中提取樟脑作为替代品。只要将樟树树干切成小块煮沸，就能轻松获得樟脑。根据《日葡辞典》的记载，15世纪时日本也曾制造过樟脑。樟树通体含有樟脑，因此具有抗腐烂和抗虫害的属性。“二战”以前，它主要用作制造赛璐珞的原料。

其药效成分是樟脑等精油，可用于制作樟脑针剂。

甘草属

【原产地】西伯利亚、中国北部。

【学　名】*Glycyrrhiza*：属名源于古希腊语，意为“甜味的根”，因其根部有甜味而得名。

【日文名】かんぞう（甘草）：源于中文名。うらるかんぞう（ウラル甘草）：乌拉尔是甘草的主产地。

【英文名】licorice：由属名的法语名演变而来。不过，严谨说来，“licorice”是同属的西班牙甘草的名称。

【中文名】甘草：因从其根部可提取甜味剂而得名。

洋甘草
Glycyrrhiza glabra
也有文献称其为“西班牙甘草”。豆科，甘草如其名，可做甜味剂。➡⑨

甘草有两种：一种是西班牙甘草，在欧洲被称为“licorice”；另一种是乌拉尔甘草，原产于中国和西伯利亚。前者从西班牙和意大利大量出口到北欧。

中国流传着这样一个民间故事。某个村子里有位老医生，有一天，他去偏远的村庄出诊，好几天都没有回来。在这期间，村里的人接二连三地生病，这让老医生的妻子很是烦恼。于是，束手无策的她把甘草放进灶里烧，并谎称这就是药。没想到，病人们煎服了这种“药”后都痊愈了。出诊归来的老医生觉得很不可思议，他去看望这些病人，发现他们真的痊愈了。

甘草中含有甘草酸、皂苷等甜味成分，其中甘草酸的甜度是砂糖的150倍。另外还含有类黄酮等药效成分，具有解毒、利尿和镇痛的作用。近年来，它作为治疗肝炎和艾滋病的药物备受关注。

金鸡纳属

【原产地】南美洲。

【学　名】*Cinchona*：属名源于秘鲁总督的妻子秦昆伯爵夫人（The Countess of Chinchon）的名字。据说，这位夫人是第一个用金鸡纳树皮治疗疟疾的人。

【日文名】きなのき（kinanoki）：源于指代该植物树皮部分的印加语“kinakina”。

【英文名】quinine tree：意为“能提取奎宁的树”。cinchona tree：源于属名。

【中文名】金鸡纳树：源于属名“*Cinchona*”的音译。

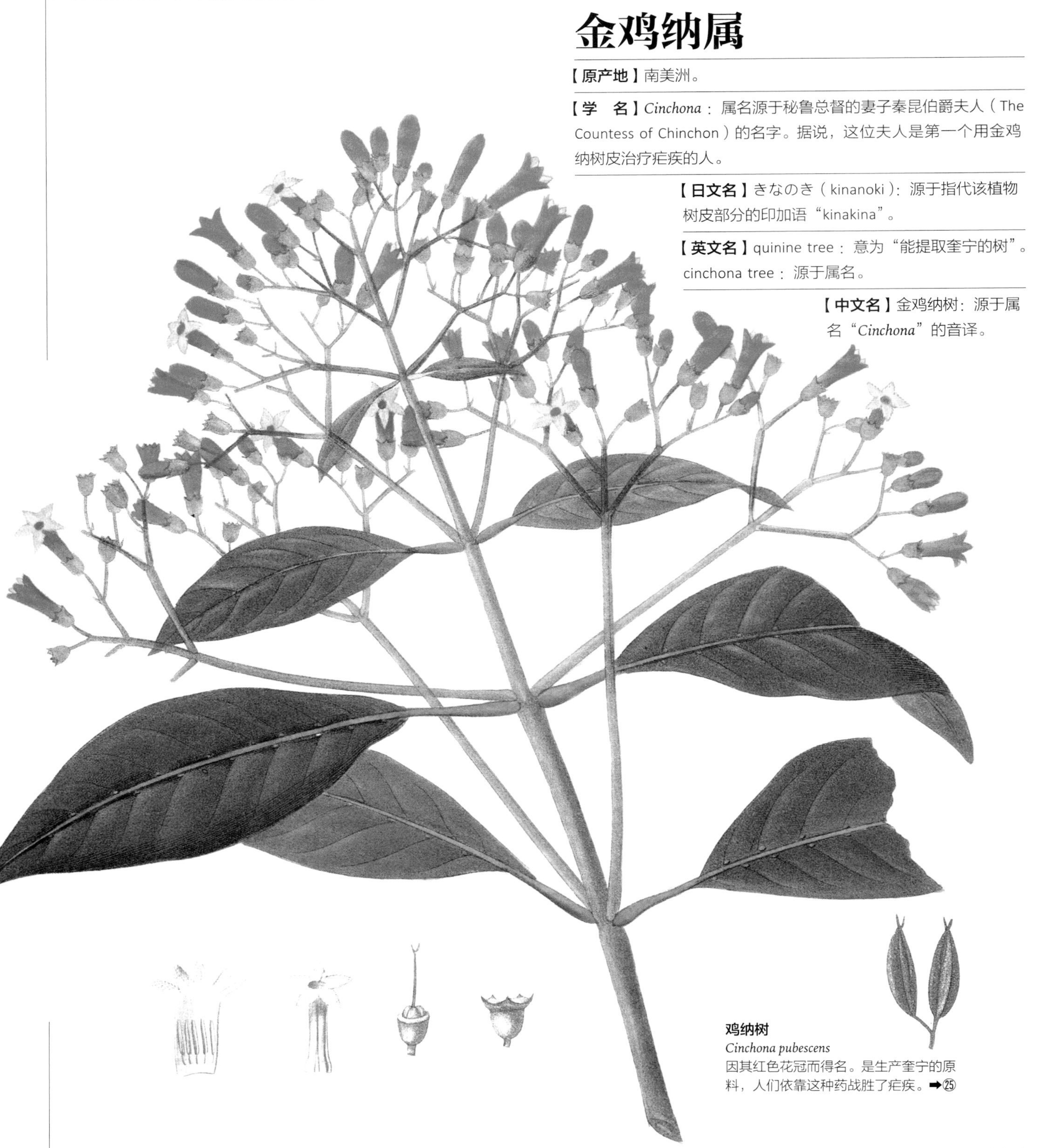

鸡纳树
Cinchona pubescens
因其红色花冠而得名。是生产奎宁的原料，人们依靠这种药战胜了疟疾。➡㉕

金鸡纳树是南美洲的药用树种，从中可以提取出治疗疟疾的特效药，这种特效药在历史上发挥了重要作用。

在西班牙征服印加帝国之前，印加人就用金鸡纳树的树皮“kinakina”来治疗发热。1638年，秘鲁总督的夫人秦昆伯爵夫人患上疟疾，治疗这种病在当时可谓困难重重，而一服药的显著功效让这种植物一举成名。之后，西班牙医生将它引入欧洲。它就是奎宁，一种治疗疟疾的特效药。

起初，人们直接从原产地的野生金鸡纳树中提取奎宁，但很快就把树消耗光了。19世纪，欧洲国家开始尝试在自己的殖民地种植金鸡纳树。1854年，荷兰人率先将其成功移植到爪哇岛。“二战”前，爪哇岛的金鸡纳树产量占世界总产量的九成以上。在20世纪30年代合成抗疟疾药物问世之前，金鸡纳树所含的奎宁是防治疟疾的唯一药物。在东南亚等地进行殖民开发的欧洲人和当地人都服用过这种药物。

其主要药效成分为奎宁等生物碱。

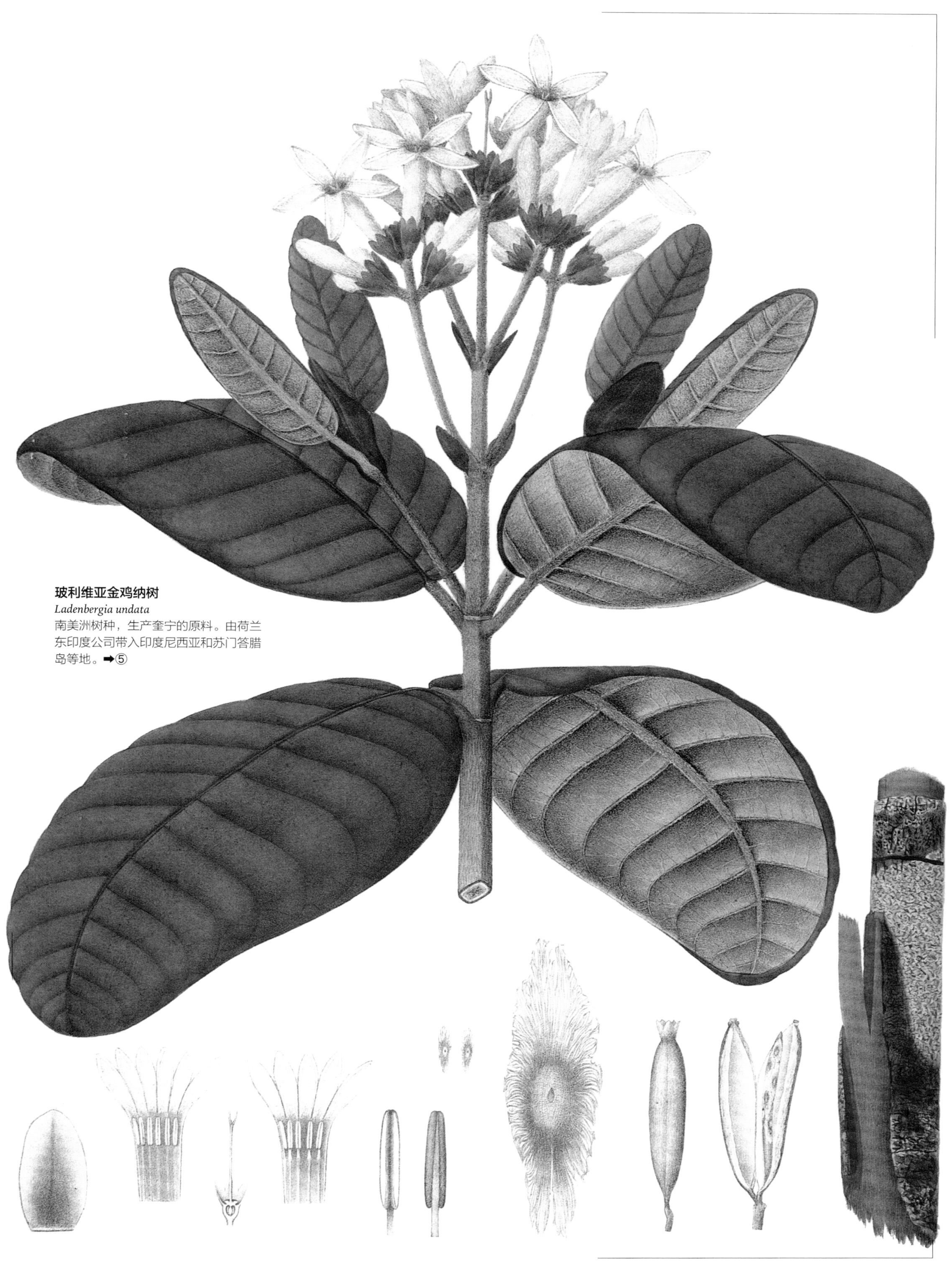

玻利维亚金鸡纳树

Ladenbergia undata

南美洲树种，生产奎宁的原料。由荷兰东印度公司带入印度尼西亚和苏门答腊岛等地。➡⑤

接骨木属

【原产地】欧洲、北非。

【学　名】*Sambucus*：属名源于古希腊语。用该植物制成的乐器名为“桑布卡琴”（sambūca），因而得名。

【日文名】にわとこ（庭常）：因经常种植在庭园里而得名。

【英文名】elder：源于古日耳曼语。

【中文名】接骨木：此树的树干由一段段树节连接而成，因而得名。

西洋接骨木
Sambucus nigra
欧洲的圣树。人们认为这种树寄宿着精灵，这也为安徒生的童话提供了灵感。如其日文名“庭常”，该植物常被栽种于庭园中。➡⑨

欧洲人自古尊崇接骨木，将其奉为圣树。接骨木的药用价值非常高，自古罗马时代起就被视为“万能药”，人们说它“小可治牙疼，大可治瘟疫”。在18世纪的英国，接骨木果实煮沸后的汁液被当作感冒药出售。

在西方，接骨木有两种截然不同的象征意义。接骨木生长迅速，在盛夏时节长势最为旺盛，因此长期以来一直被北欧人视为“不朽”的象征。人们认为接骨木里寄宿着精灵，砍伐接骨木或用接骨木做柴薪是一种禁忌。在安徒生童话《接骨木树妈妈》中，树里的精灵寓意着“重返青春”。与之相反，在基督教的传说中，它被视为不吉之树。

中世纪时它还被视为女巫之树。据说，女巫有时会化身为接骨木，如果把婴儿放在用接骨木做的摇篮里，婴儿就会被女巫虐杀。

毒草

出自维也纳抄本《药典》（*Codex Vi*
1562年，比斯贝克（1522—1592
丁堡时发现了迪奥斯科里德的《论
此为该手稿的希腊文抄本。该图描

天仙子

【原产地】欧洲、西伯利亚、中国。

【学　名】*Hyoscyamus niger*：属名源于古希腊语，意为“猪豆”，迪奥斯科里德曾使用过该名。

【日文名】ヒヨス（hiyosu）：源于属名，取属名的前半部分，再转化为日语。

【英文名】henbane：意为“母鸡毒草”。

【中文名】天仙子：原用于称呼该植物做药用的种子。

天仙子
Hyoscyamus niger
形态奇特的药草，茄科。分布于欧洲和西亚地区，可用于缓解吗啡中毒。➡⑨

天仙子是欧洲传统毒草，与颠茄和曼德拉草同属茄科。在古美索不达米亚、古埃及、古希腊和古罗马时代就已为人所知。

在文艺复兴时期的意大利，它被称为“牙痛草”。人们用它治疗牙痛，说它是牙痛患者的守护神，还赋予它“圣阿波罗草”的美名。与其他有毒药草一样，它也与巫术有关。据说，人们服用天仙子后会出现痉挛和暂时性精神错乱的症状。人们还相信，燃烧这种植物所产生的烟雾会唤起死者的灵魂，并赋予他们千里眼的能力。还有传言说睡觉前用天仙子泡脚可以缓解失眠。

该植物含有的剧毒生物碱天仙子胺具有极强的镇痛作用，至今仍被用于镇痛、缓解哮喘发作和吗啡中毒引起的症状。

金黄天仙子
Hyoscyamus aureus
天仙子的近缘种。比起药用，它更适合用于观赏。➡㉕

天仙子

Hyoscyamus niger

出自约瑟夫·罗克斯的《药用植物志》。四周叶片仿佛包裹住头部一般，特征明显。➡㉕

乌头属

【原产地】北半球温带以北。

【学　名】*Aconitum*：属名源于该植物的古希腊名，泰奥弗拉斯特、老普林尼、维吉尔均使用过该名。关于其由来，一种说法是该植物用于制作毒枪，所以来自意为“标枪”的词；还有说法认为是来自地名“Acon”。

【日文名】とりかぶと（鳥兜）：伶人在舞乐表演时佩戴的冠叫作“鸟兜”，这种植物的花与其相似，因而得名。

【英文名】aconite：由属名演变而来。monkshood：意为“修道士的头巾”，因其花萼与头巾相似而得名。wolf's bane：意为“狼毒草”。

【中文名】乌兜：源于日文名。

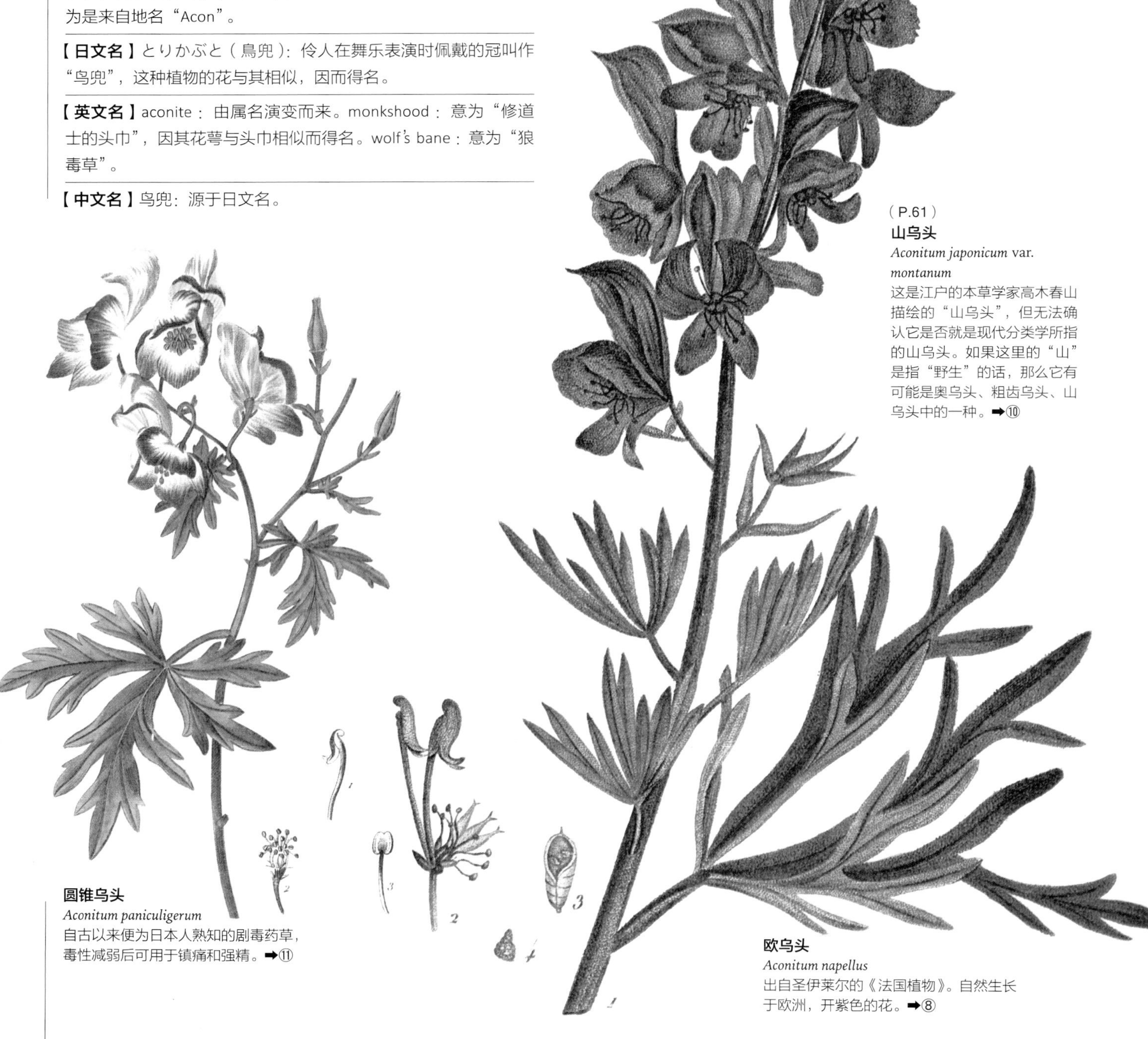

（P.61）
山乌头
Aconitum japonicum var. *montanum*
这是江户的本草学家高木春山描绘的“山乌头”，但无法确认它是否就是现代分类学所指的山乌头。如果这里的“山”是指“野生”的话，那么它有可能是奥乌头、粗齿乌头、山乌头中的一种。➡⑩

圆锥乌头
Aconitum paniculigerum
自古以来便为日本人熟知的剧毒药草，毒性减弱后可用于镇痛和强精。➡⑪

欧乌头
Aconitum napellus
出自圣伊莱尔的《法国植物》。自然生长于欧洲，开紫色的花。➡⑧

乌头是毛茛科的剧毒草本植物。日本阿伊努人在狩猎熊时会使用涂抹乌头的毒箭。

在希腊神话中，赫拉克勒斯将冥界入口的守卫——三头犬刻耳柏洛斯引出地狱进行搏斗，三头犬倒地后流出口水，口水所落之处长出了乌头。而乌头的名字“Aconitum”源于赫拉克勒斯与刻耳柏洛斯搏斗的山丘之名“Akonitos”。

人们还认为乌头是地狱女神赫卡忒的所有物。魔女在飞行前要涂抹一种药水，其中不可或缺的成分就是乌头。乌头的毒性会损害人体神经中枢，使人产生幻觉。有说法认为，与“魔女的夜宴”（Sabbath）有关的各种怪谈都源于这种毒药引起的幻觉。北欧人将其称为“奥丁的帽子”或“托尔的帽子”，英国人则称其为“修道士的头巾”。中医将这种植物称为“乌头”或“附子”。

其主要毒性成分为乌头碱，药用时可促进新陈代谢，具有强心和利尿的作用。

烏頭 ヤマトリカブト
即草烏頭
本草圖說
春山含藏

颠茄

【原产地】欧洲。

【学　名】*Atropa belladonna*：属名源于希腊神话中的命运女神阿特洛波斯（Atropos）的名字，她负责切断生命之线。因该植物有剧毒而得名。

【日文名】べらどんな（beradonna）：源于英文名。おおかみなすび（狼茄子）。

【英文名】belladonna：由意大利语演变而来，意为“美丽的淑女”。这种植物的毒素有散瞳的作用，文艺复兴时期的女性爱用颠茄滴眼液，以此让眼睛看起来更美丽。

【中文名】颠茄：意为使人癫狂的茄子。

颠茄
Atropa belladonna
颠茄是地中海地区自古以来便为人所熟知的一种魔草。它能让眼睛看起来更美丽，是女性吸引男性的必备品。➡㉕

从颠茄的另一个日文名“疯茄子”中不难看出，这种植物属于茄科。它是可怕的有毒植物，在欧洲与曼德拉草齐名，人称“恶魔之草”。

恶魔和魔女都格外钟情于颠茄，他们一年四季都忙着打理这种植物。据说，魔女们还会用它杀人。在出门参加“魔女的夜宴”前，她们会在身上涂抹掺有颠茄的药膏，然后飞上天空。

颠茄在文艺复兴时期的意大利被称为“belladonna”，据说是因为在威尼斯等地，女性将其用作化妆品，她们将这种毒草的汁液滴入眼中，让眼睛看起来更漂亮。其原理是颠茄中所含的阿托品具有散瞳的作用。

在波吉亚家族兴盛时期，它也曾作为最常用的杀人毒药而闻名。现在，颠茄被用于制造镇痛剂和催眠药。

瑞香

【**原产地**】中国。其近缘种也分布于欧洲。

【**学　名**】*Daphne odora*：属名*Daphne*在古希腊语中指月桂树，后被用于指代瑞香。希腊神话中，女神达芙妮是月桂树的化身。

【**日文名**】じんちょうげ（沈丁花）：因其气味芳香，便将其比作沉香（日语为“沈香”）和丁香蒲桃。

【**英文名**】daphne：源于属名。

【**中文名**】瑞香：意为芬芳的气味。

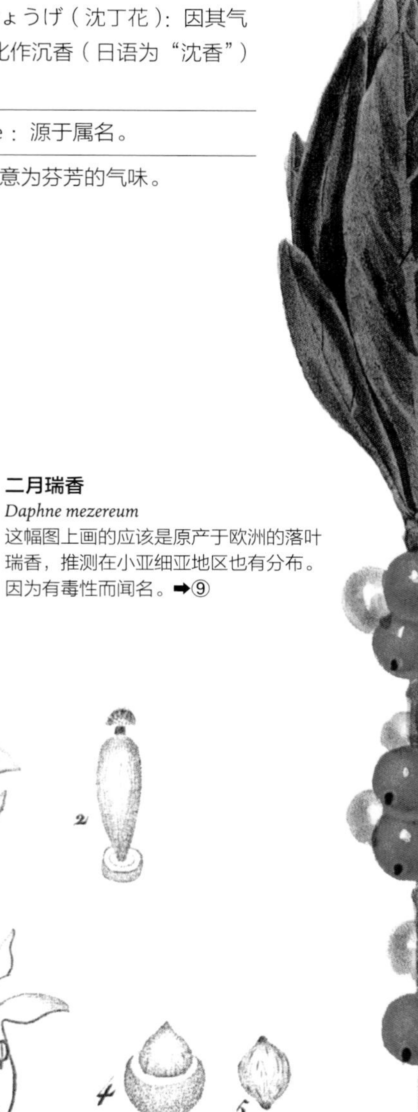

二月瑞香
Daphne mezereum
这幅图上画的应该是原产于欧洲的落叶瑞香，推测在小亚细亚地区也有分布。因为有毒性而闻名。➡⑨

瑞香是庭园植物，早春时会开出芳香浓郁的花朵。其根与花有毒，可用于治疗牙痛、咽喉痛、早期乳腺癌和神经痛。日本的瑞香是从中国传入的。

中文名“瑞香”源于这样一个故事。很久以前，有位尼姑隐居于庐山深山处，过着简朴的生活。一天，她在山中小河边漫步，忽然感到困倦，便靠在一旁的石头上打瞌睡，睡梦中她闻到一股不知从何处飘来的独特香气。醒来后的尼姑不相信这只是简单的梦境，于是便四下寻找。果然她发现了一棵开花的树，其所散发的香气就和她在梦中闻到的一样。尼姑向村民打听这种花的名字，但没有人知道。因为花香是在梦中闻到的，所以最初被命名为“睡香”，后又取寓意吉祥的同音字“瑞”作为它的名字。

其主要毒性成分为瑞香苷。

白屈菜属

【原产地】欧亚大陆全域。

【学　名】*Chelidonium*：属名源于希腊语，意为“燕子”。一种说法是，它由迪奥斯科里德命名：该植物在燕来时开花，燕去时枯萎；另一种说法是，它由亚里士多德命名：母燕用这种植物藏红色的汁液为雏燕清洗眼睛，以增强它们的视力。

【日文名】くさのおう（草の黄、瘡の王）：“草黄”源于其药用的黄色液体，“疮王”源于将其叶子揉烂后可解丹毒的功效。也有说法称它是“草中之王”。

【英文名】celandine：由属名演变而来。swallow-wort：属名的英译。

【中文名】白屈菜：或因其叶片的背面呈白色而得名。

白屈菜
Chelidonium majus
罂粟科野草。此种自然生长于日本，从中提取的白屈菜碱有类似鸦片的效果。
➡⑨

黄花海罂粟
Glaucium flavum
盛开在法国海岸，十分惹人喜爱。是民间草药的原料，能治疗包括丹毒在内的某些疾病。➡⑧

白屈菜是罂粟科有毒植物。在方言中，它又被称为“田虫草”“疣草”“血止草”“皮癣草”，这些名字都与皮肤病有关，“皮癣”指的是疥疮。事实上，白屈菜茎叶的汁液可用于治疗疣，也可外用治疗蚊虫叮咬、疖肿和湿疹。

全草含有毒性成分，具有镇痛和解痉的作用。中医将其称为“白屈菜”，用于治疗胃溃疡，但实际药效值得怀疑。有一段时期它曾被认为是治疗胃癌的特效药，但实际上它并无此功效。

白屈菜具有镇痛作用的毒性成分为白屈菜碱、原阿片碱等，它们作用于大脑中枢并使其麻痹，危险性极高，因此现在已经很少使用了。

毒芹

【原产地】北半球温带。

【学　名】*Cicuta virosa*：属名源于拉丁语，意为“空心的”，因其根茎中空而得名。另外，水芹属（*Oenanthe*）中也含有毒种，便俗称为“毒芹”。

【日文名】どくぜり（毒芹）：源于中文名。

【英文名】water hemlock：意为“生于水边的有毒胡萝卜”。cowbane：意为“牛毒”。

【中文名】毒芹：意为有毒的芹。

毒水芹
Oenanthe crocata
原著中这样描述：“产于欧洲的水芹，自古以来一直被认为具有致命的毒性。”
➡⑧

毒芹是伞形科有毒植物，生长在湿地中。如果不小心舔到或吃到，它的剧毒会导致神经中枢受损、呼吸困难，甚至死亡。其叶子呈细小的裂片状，与食用芹的叶片相似，很容易被误认为是食用芹。

毒芹的地下茎的外表是绿色的，有节，形似竹笋的内部。人们经常把它挖出来用于壁龛的装饰，这是极其危险的。

另外，同属伞形科的毒参（*Conium maculatum*）的毒性与毒芹相似，有时也被叫作“毒芹”，因此二者很容易混淆。毒参因为毒死了古希腊哲学家苏格拉底而恶名远扬。在欧洲，它曾被用作解痉药，但现在已不再使用。

毒芹的毒性成分为毒芹素，毒参的毒性成分为毒芹碱。

除虫菊

【原产地】巴尔干半岛的达尔马提亚地区。

【学　名】*Chrysanthemum cinerariaefolium*[1]：属名源于古希腊语，意为“金色的花”。种加词意为“瓜叶菊一般的叶子”。

【日文名】じょちゅうぎく（除虫菊）：该植物是杀虫剂的原料，因而得名。

【英文名】dalmatian pyrethrum：“dalmatian”指达尔马提亚地区。只用“pyrethrum”一词便能指代除虫菊，但它过去曾是菊科另外一种植物的名称，因此加上“dalmatian”以示区分。

【中文名】除虫菊：与日文名相同。

1　该学名已修订为 *Tanacetum cinerariifolium*，鉴于原文系解释过去学名，此处不做调改。——编者

红花除虫菊
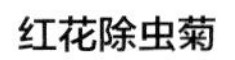
Tanacetum coccineum
原产于西南亚，是除虫菊的近缘种。花朵明艳动人。➡㉓

这种植物可以用于制作蚊香，属菊科，原产于南斯拉夫和达尔马提亚，对牲畜和人类无害，但对室内猖獗的昆虫，尤其是双翅目和膜翅目昆虫有毒性作用。

这种植物在明治初期传入日本，长期以来一直被用作蚊香和除蚤粉的原料。“二战”前的一段时间里，北海道、冈山等地种植了近3万公顷的除虫菊，产量在当时居世界首位。目前仅在濑户内海地区有种植，主要用于观赏。现在，非洲的肯尼亚是世界上最大的除虫菊生产国。

除虫菊的近缘种肿柄菊（*Tithonia diversifolia*）产于中美洲，其毒性成分与除虫菊相同。在疟疾高发地区，人们在土木工程施工前种植这种植物，以便在施工期间消灭蚊子。

其毒性成分为除虫菊酯和瓜菊酯。

通灵藤属

【原产地】南美洲、中美洲、西印度群岛。

【学　名】*Banisteriopsis*：属名源于约翰·巴普蒂斯特·巴尼斯特（John Baptist Banister）的名字，17世纪时他去往弗吉尼亚州旅行，并制作了当地的植物目录。

【中文名】通灵藤、卡披木。

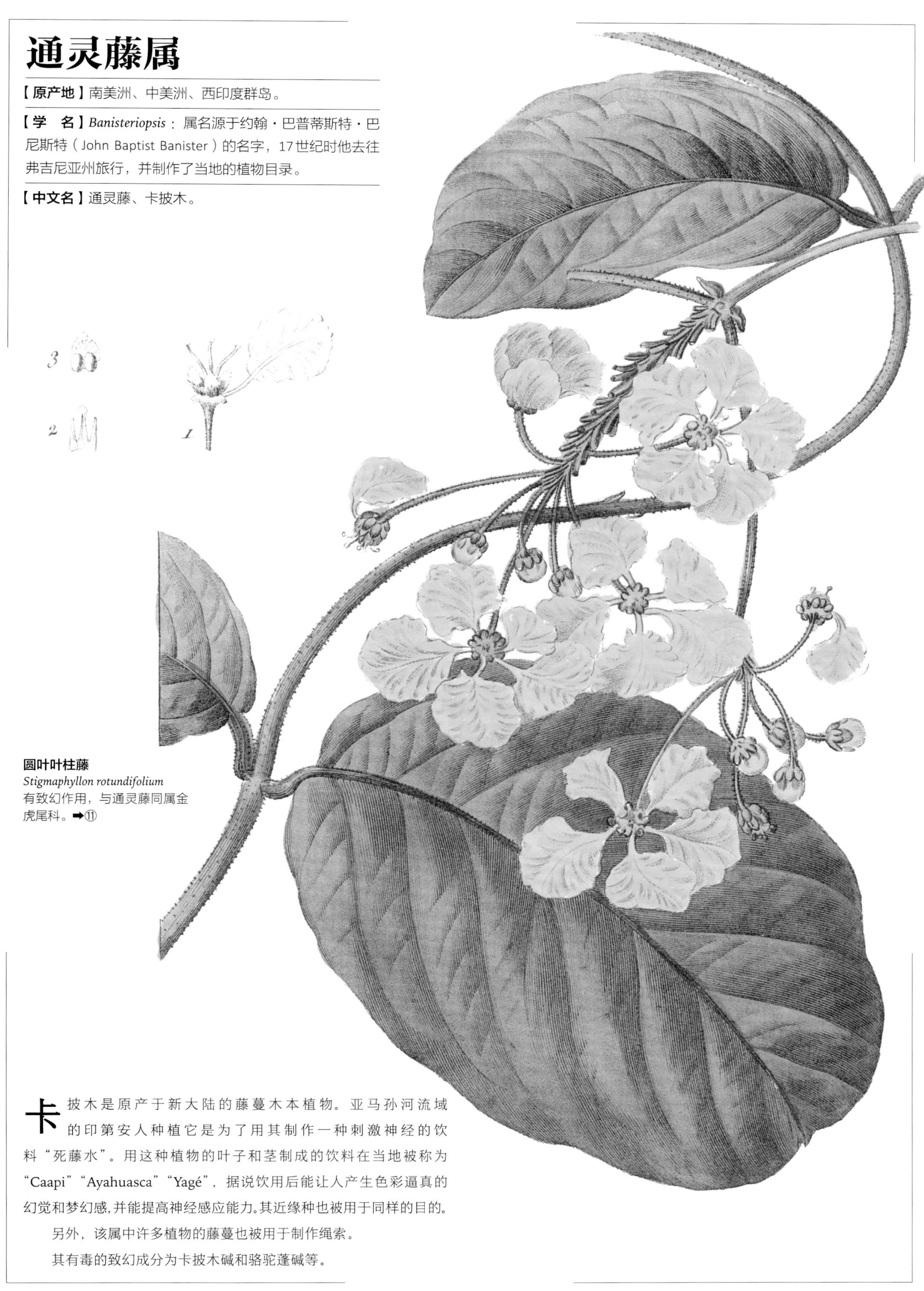

圆叶叶柱藤
Stigmaphyllon rotundifolium
有致幻作用，与通灵藤同属金虎尾科。➡⑪

卡披木是原产于新大陆的藤蔓木本植物。亚马孙河流域的印第安人种植它是为了用其制作一种刺激神经的饮料“死藤水”。用这种植物的叶子和茎制成的饮料在当地被称为“Caapi”“Ayahuasca”“Yagé”，据说饮用后能让人产生色彩逼真的幻觉和梦幻感，并能提高神经感应能力。其近缘种也被用于同样的目的。

另外，该属中许多植物的藤蔓也被用于制作绳索。

其有毒的致幻成分为卡披木碱和骆驼蓬碱等。

罂粟

【原产地】地中海沿岸。

【学　名】*Papaver somniferum*：属名源于拉丁语古名，由希腊语中的“米糊”一词派生而来，因制造鸦片的果树汁液呈乳液状而得名。种加词“*sommiferum*”在拉丁语中意为“催眠”，因鸦片具有催眠作用而得名。

【日文名】けし（keshi，罂粟）：为芥子（kaishi）的误读。

【英文名】opium poppy：尤其为了区分虞美人和鬼罂粟时，人们会采用这种叫法，意为“鸦片罂粟”。

【中文名】罂粟、罂子粟：“罂”为古代一种大腹小口的酒器，该植物的花与这种酒器相似，因而得名。

罂粟
Papaver somniferum
用于制造鸦片的白花罂粟最出名，其余还有深红色、紫色等品种。观赏性极佳。
➡⑯

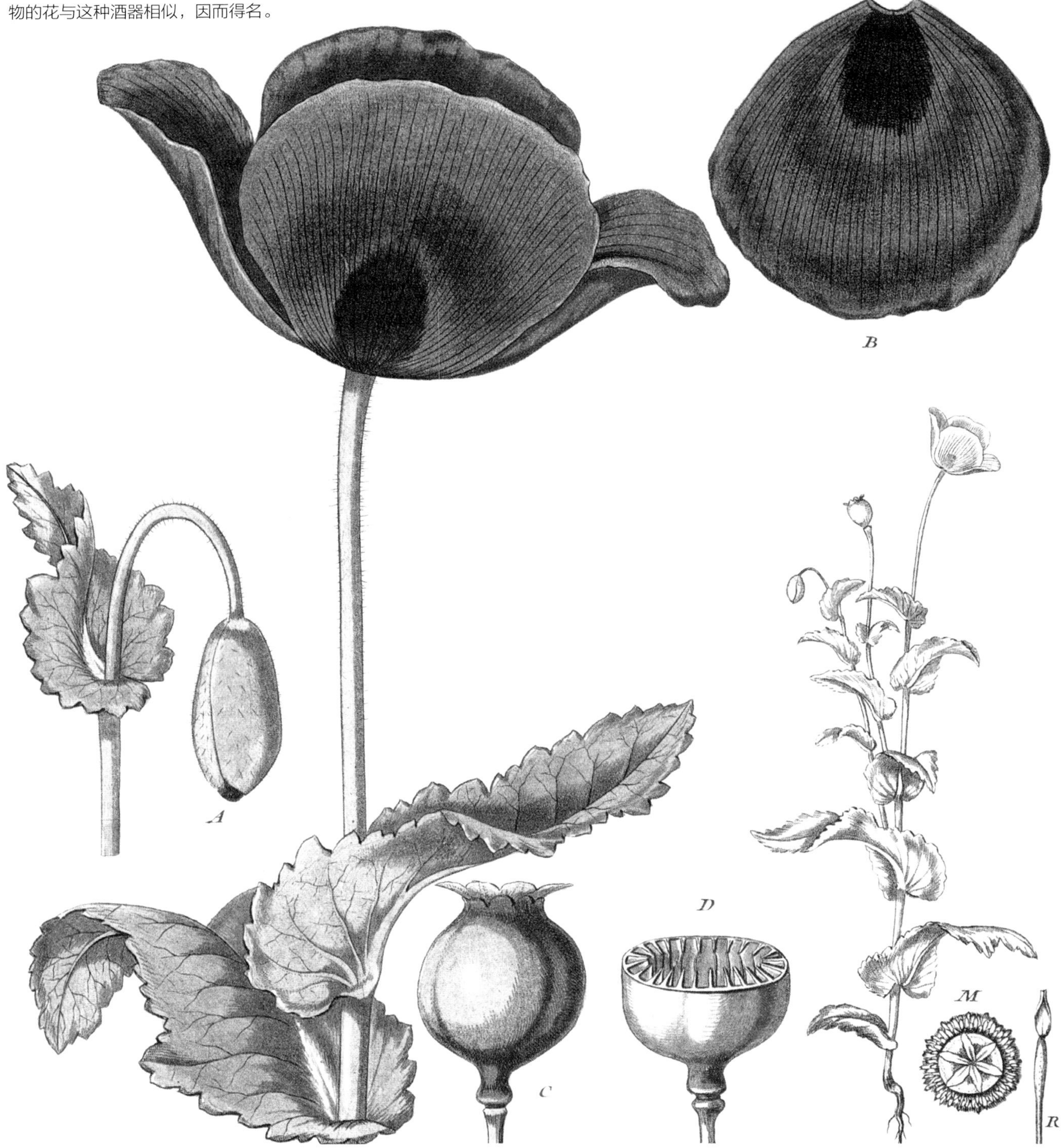

罂粟
Papaver somniferum
原产于地中海，也自然生长于巴黎近郊地区。在德国和法国被称为“花园罂粟”。➡⑧

罂粟
Papaver somniferum
罂粟的栽培变种，美丽的重瓣品种，有时也被称为牡丹罂粟。➡⑩

罂粟
Papaver somniferum
最有代表性的白花罂粟。未成熟的绿色果实损伤后会分泌乳液，收集后经干燥可用于制造鸦片。➡⑱

公元前1552年埃及的莎草纸文献中就记载了罂粟的药用价值。迪奥斯科里德也曾记述过罂粟的制备方法，以及它的催眠性和毒性。在公元8世纪前，罂粟从印度传入中国，当时人们仅将其种子用作泻药。传入日本的时间，一说是在10世纪以前，一说是在室町时代。罂粟在江户时代大面积种植，并在幕末时期出口到中国，“二战”后即被禁止种植。

在古代地中海地区，罂粟是安眠的象征。罗马神话中，睡眠之神索莫纳斯为丰收女神克瑞斯送上罂粟，以助她安然入睡。在基督教中，罂粟象征着“天堂里的睡眠”。19世纪时，罂粟在英国广泛种植。

其毒性成分包括吗啡、那可汀等24种生物碱，具有强烈的麻醉及镇痛作用。

曼陀罗属

【原产地】美洲热带地区。

【学　名】*Datura*：属名语源不详，推测源于阿拉伯语、印地语、波斯语中的一种。

【日文名】ちょうせんあさがお（朝鮮朝顔）：并非原产于朝鲜，过去人们习惯用“朝鲜”一词来形容未知的植物。きちがいなすび（疯茄子）：该植物有剧毒，中毒后身体会因痛苦而失常，因而得名。まんだらげ（曼陀羅華）：本草学家借用了“mandragola”一词为其命名。

【英文名】thorn apple：意为“刺苹果”，因其果实有刺而得名。

【中文名】曼陀罗：源于日文名。

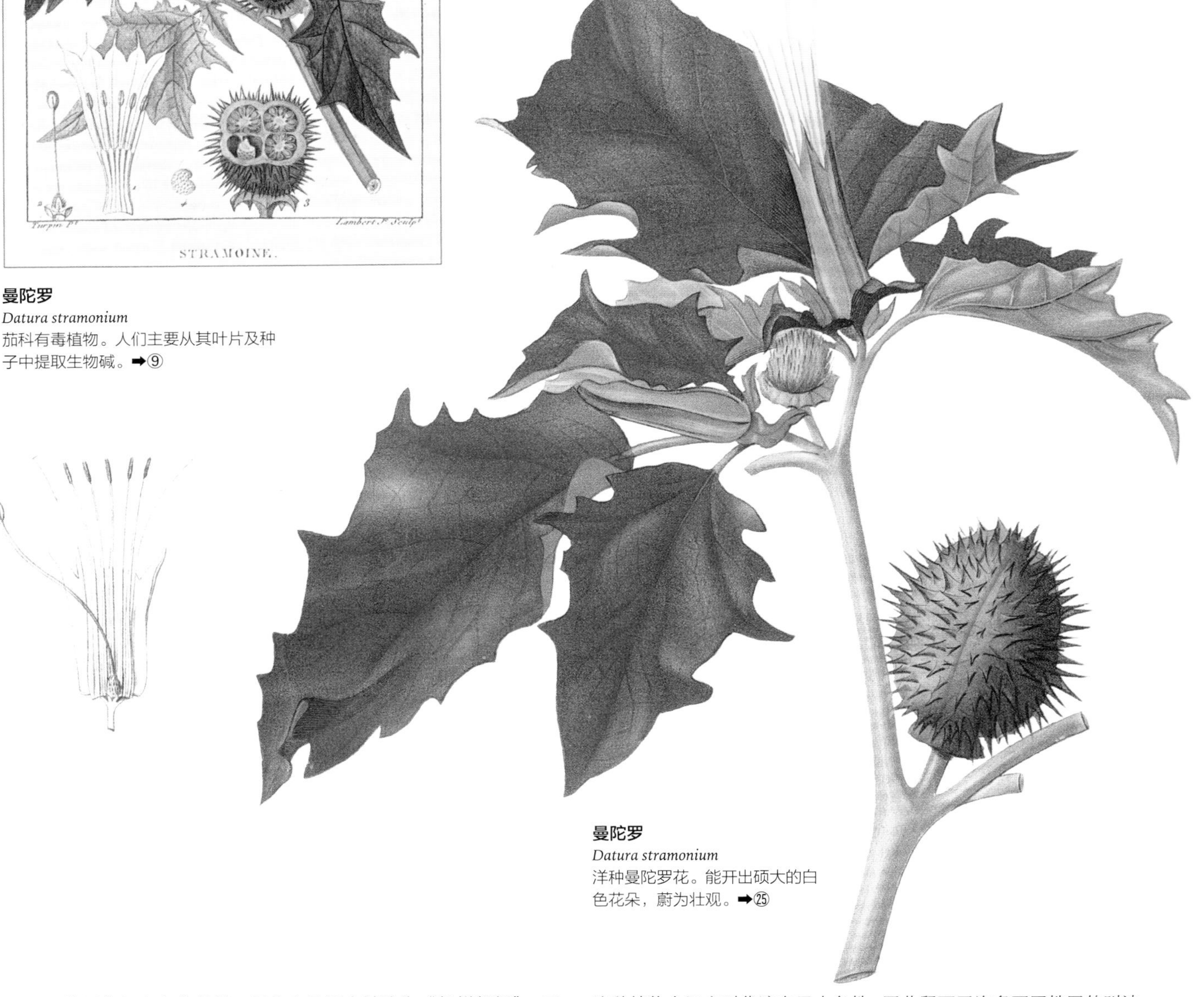

曼陀罗
Datura stramonium
茄科有毒植物。人们主要从其叶片及种子中提取生物碱。➡⑨

曼陀罗
Datura stramonium
洋种曼陀罗花。能开出硕大的白色花朵，蔚为壮观。➡㉕

曼陀罗花与牵牛花相似，因此在日语中被称为“朝鲜朝颜”。不过，它是茄科植物，并非牵牛的近缘种。曼陀罗花是与天仙子、乌头齐名的有毒植物，也是日本最早的麻醉药。

在日本，华冈青洲是麻醉疗法的先驱，是世界上首位用全身麻醉成功完成乳腺癌手术的医生，而当时他使用的药物就提取自曼陀罗花。这种植物在江户时代遍布日本各地，因此留下了许多不同地区的叫法，如“唐茄子”“外科撒手锏”等。不过，在明治初期，同属的欧曼陀罗传入日本，取代了较早的品种。

与乌头、天仙子一样，曼陀罗花的各个品种都含有毒性生物碱天仙子胺，切碎后与烟草一起吸食，可缓解哮喘，但不宜长期使用。

洋金花

Datura metel

出自魏因曼的图谱，十分惊艳的插图！图中所绘推测是经过改良的园艺种。

➡①

茄参属

【原产地】地中海沿岸、中国西部。

【学　名】*Mandragora*：属名起源于古希腊时代，希波克拉底曾使用过该名字。

【日文名】まんどらごら（mandoragora）：该植物并未传入日本，所以没有专门的日文名。一般采用属名的日语读法作为译名。

【英文名】mandrake：由属名演变而来。devil's apple：意为“恶魔的苹果”，因其自古以来被视为具有魔力的植物而得名。

【中文名】曼德拉草：属名的中文音译。

欧茄参
Mandragora officinarum
与东方的人参一样，这种植物的形态与人相似。在魏因曼的这幅插图中，它仿佛双腿交叉一般，十分妖娆。据说其根部有雌雄之分，图中所示是雌性的吗？
➡①

纵观整个欧洲历史，围绕这种毒草总是流传着最奇特的传说。它的根部与人体下半身极为相似，也具有麻醉的药效，因而总是传说不断。《圣经 · 旧约》就提到过这种植物。泰奥弗拉斯特曾记述，拔这种草需要准备咒语和仪式。后来，他这样写道：“当你准备拔这种草时，你必须给狗套一根绳子，让狗去拔。曼德拉草被拔出时，它会发出刺耳的尖叫声。听到尖叫的狗会死亡，人会发疯。但如果没有狗，死的就是人了。”此外，这种草被认为有催情的效果，因此得名“爱情之果”。希腊神话中，金苹果事件里的“金苹果”也被认为是这种草的果实。还有一个传说，绞刑架下的死刑犯的精液中会长出这种植物，所以也被称为“恶魔苹果”。

其主要毒性成分为天仙子胺，与颠茄相同，是制作麻醉剂和催眠药的原料。

马钱子

【**原产地**】印度、东南亚、澳大利亚北部。

【**学　名**】*Strychnos nux-vomica*：属名源于古希腊语。过去曾是茄科多种有毒植物的总称，泰奥弗拉斯特曾使用过该名字。

【**日文名**】まちん（馬錢子）：源于中文名，原指从该植物的种子中提取的天然药物。

【**英文名**】strychnine tree：意为“马钱子碱树”，因能从其种子中提取马钱子碱而得名。

【**中文名**】马钱子：因其有毒的种子形似钱币而得名。

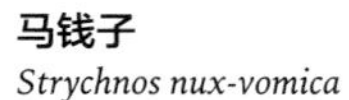

马钱子
Strychnos nux-vomica
出自约瑟夫·罗克斯《药用植物志》的美丽插图。是马钱子碱的原料。➡㉕

马钱子是热带地区特有的有毒植物。属名“*Strychnos*”在古代是曼德拉草、颠茄等茄科有毒植物的总称，将该名称用于本属的是林奈。它是一种大树，高10 ~ 30米，有毒的是它的种子，种子呈圆盘形，直径2厘米，厚约5毫米。

其主要毒性成分为马钱子碱，这是一种剧毒生物碱，一粒种子就能置人于死地。同属的许多植物都有毒，其中包括南美洲用于箭头淬毒的品种、非洲热带地区用于神圣裁判的品种，以及马来西亚用于毒吹箭的品种。

在工业化国家，它被用于毒杀田鼠、野狗和其他害虫；小剂量也可药用，主要用于刺激神经和增进食欲。

苏铁属

【原产地】日本、中国、东南亚、太平洋群岛。

【学　名】*Cycas*：属名在古希腊语中指一种椰子。

【日文名】そてつ（蘇鉄）：源于中文名。

【英文名】japanese sago palm：意为“日本的西米椰”。

【中文名】苏铁：“苏”为“复苏”之意。据传，当其长势不好濒临枯萎时，只要给它钉上铁钉便能恢复生机，因而得名。

吕宋苏铁

Cycas riuminiana

菲律宾吕宋岛特有的一种苏铁，其嫩叶可食用；其种子有毒，经加工处理可清除毒素，制成类似面粉的物质。➡㉒

苏铁原产于九州南部和琉球群岛，属常绿乔木，裸子植物，种子内含有大量淀粉。当时的琉球处于萨摩藩的统治下，岛民匮粮，苏铁是琉球的救急作物，但其含有剧毒成分，如果不经充分水洗就食用，很可能导致死亡。

苏铁是日本特有的植物，一直在本州关东南部以西的温暖地区露天种植。静冈县清水市龙华寺的苏铁高达4米，是著名的天然纪念物。

明治二十八年（1895年），日本植物学家池野成一郎博士发现了苏铁的植物精子。这是继平濑作五郎发现银杏精子之后植物学领域又一划时代的发现，证实了蕨类植物和裸子植物之间存在相似性。

其毒性成分为苏铁苷。

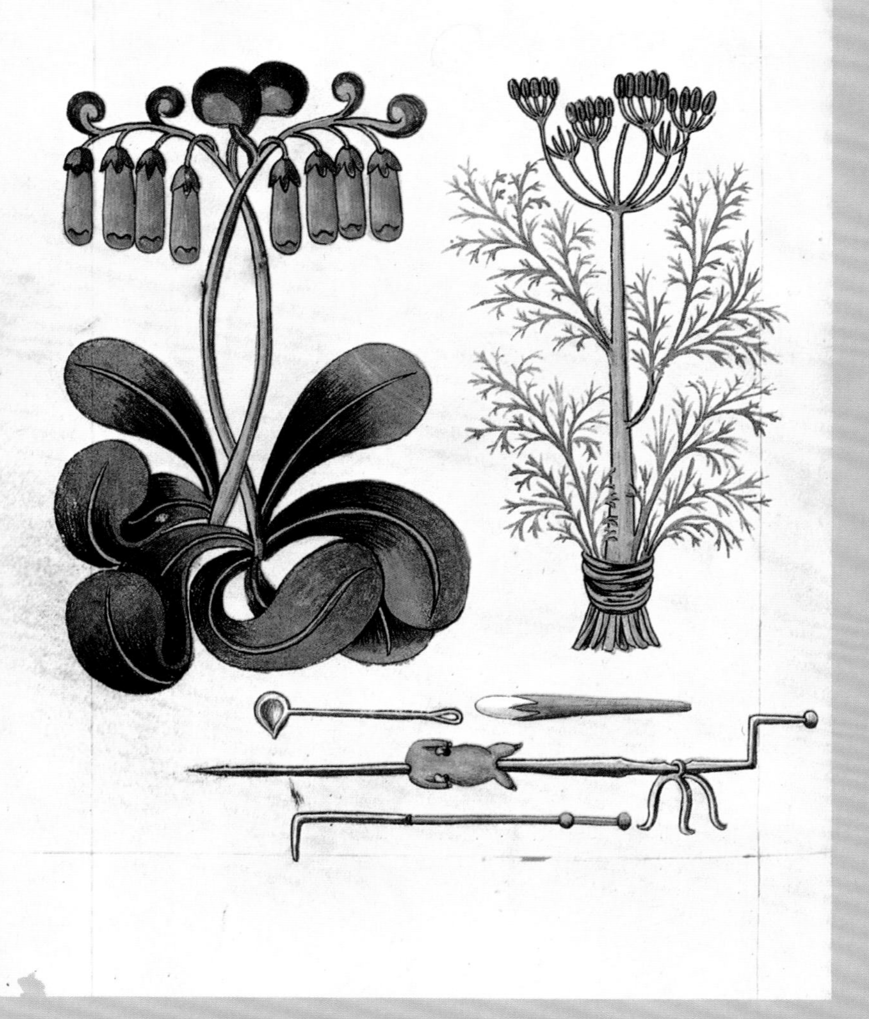

出自《本草志》。左边为
为茴香。书中描绘了药草
还被赋予了符合中世纪道

姜属

【原产地】印度。

【学　名】*Zingiber*：属名源于古希腊语，迪奥斯科里德曾使用过该名字。最早源于古印度语，意为“如角一般的”，因其根部形态而得名。

【日文名】しょうが（生姜）：源于中文名。

【英文名】ginger：由属名演变而来。

【中文名】姜。

姜
Zingiber officinale
原产于印度，是著名的香辛料。也是一种名贵的药材。➡⑨

在古代地中海地区，生姜是一种药物，而非香辛料，人们从公元1世纪就开始利用它。

当时，生姜完全从印度进口，此后有一段时间被遗忘，公元9世纪时作为香料被重新引入欧洲。直到14世纪，生姜在欧洲仍然非常昂贵，1磅（约453.6克）生姜的价格甚至与一只羊相当。之后，糖渍姜片从中国传入，被当地人称为“甜肉”，十分受欢迎。生姜在中国古代就为人所知，甚至成书于公元前的《论语》也有提及。大约在公元5世纪，人们把生姜种在盆里，再带上船出海。在中国和东南亚之间的长途航行中，生姜作为一种生鲜食品被提供给船员，以防止他们患上坏血病。

生姜的药效成分为姜烯、姜醇等挥发油，还含有姜油酮、姜烯酚等辛辣成分，常被用作健胃剂。生姜还有消炎和镇痛作用，可外用治疗关节痛、神经痛等。

芥

【原产地】欧洲、中国。

【学　名】*Brassica nigra*[1]（黑芥）：属名源于老普林尼使用过的古拉丁名，最初来自凯尔特语（指卷心菜），种加词“*nigra*”在拉丁语中意为“黑色的”。*Brassica juncea*（芥菜、和芥子）：种加词“*juncea*”在古拉丁语中意为“连接”。*Sinapis alba*（白芥）：属名源于泰奥弗拉斯特曾使用过的拉丁名，最初来自凯尔特语（指芥），种加词“*alba*”在拉丁语中意为“白色的”。在过去，黑芥和芥菜同为芥属，现在与许多其他蔬菜一起归于芸薹属（*Brassica*）。

【日文名】からし（辛子、芥子）：因其种子及叶片有辛辣味而得名。

【英文名】mustard：在古拉丁语中意为“新酿葡萄酒”，其意或源于人们用该酒和芥末籽混合后给食物调味。

【中文名】幽芥（黑芥）、芥菜、白芥：“芥”指芥子，“幽”为黑色之意。

1　该学名已修订为 *Mutarda nigra*，鉴于原文系解释过去学名，此处不做调改。——编者

黑芥
Mutarda nigra
很少有人知道芥的原生形态是图中所画的模样。十字花科，其种子被称为“芥子”。➡㉓

芥是烹饪中不可或缺的调味品。日本人使用的东方芥是芸薹属的黑芥和芸薹自然杂交产生的品种，与欧洲人使用的西洋芥不同。这里介绍的芥既指黑芥，也指白芥属的白芥子。它们也被统称为芥。

只有日本的东方芥被单独称为“芥菜”，其辛辣的叶子可食用。但一般来说，芥子类植物的果实会被晒干并研磨成粉末，溶解于水中用作调味品。

黑芥和白芥原产于地中海地区。日本芥最早起源于中东，中国为第二原产地，于奈良时代传入日本。

日本芥的辛辣味来自芥子苷中产生的异硫氰酸烯丙酯，这种反应在40℃左右的温度下最为活跃。因此，比起常温水，将其溶于热水中效果更佳。

胡椒属

【原产地】印度。

【学　名】*Piper*：属名源于从古印度名演变而来的古希腊名。

【日文名】こしょう（胡椒）：源于中文名。

【英文名】pepper：由属名演变而来。

【中文名】胡椒："胡"在中国古代指北边和西域的民族，后来泛指外国或者外族的；"椒"指有香气的植物。

黑胡椒

Piper nigrum

原产于印度。准确来说，其果实部分才是"胡椒"，具有强烈的芳香和辣味。现广泛种植于南美洲。➡⑨

如果要在所有香辛料中选出最具代表性的一种，毫无疑问就是胡椒。早在古罗马时代，产于印度马拉巴尔地区的胡椒就已经是重要的贸易品。对于以肉食为主的西方人来说，胡椒是一种不可或缺的防腐剂。

西罗马帝国灭亡前不久，罗马城被哥特人围困，罗马人奉上1200千克胡椒，这才赎回城市，免予被侵略。据说，十字军东征的一个重要原因就是阿拉伯人对胡椒的垄断。威尼斯是文艺复兴的发源地，它的繁荣也正因为它是胡椒贸易的独家中转站，瓦斯科·达·伽马（Vasco da Gama）开辟印度航线就是为了打破这种垄断。

胡椒的辛辣成分为胡椒碱，可用于制作健胃剂和增进食欲。

薄荷属

【原产地】欧洲

【学　名】*Mentha*：属名由泰奥弗拉斯特命名，源于希腊神话中精灵的名字。

【日文名】はっか（薄荷）：源于中文名。ペパーミント（pepaaminto）：英文名的日语读法。

【英文名】mint、peppermint：由属名演变而来。

【中文名】薄荷。

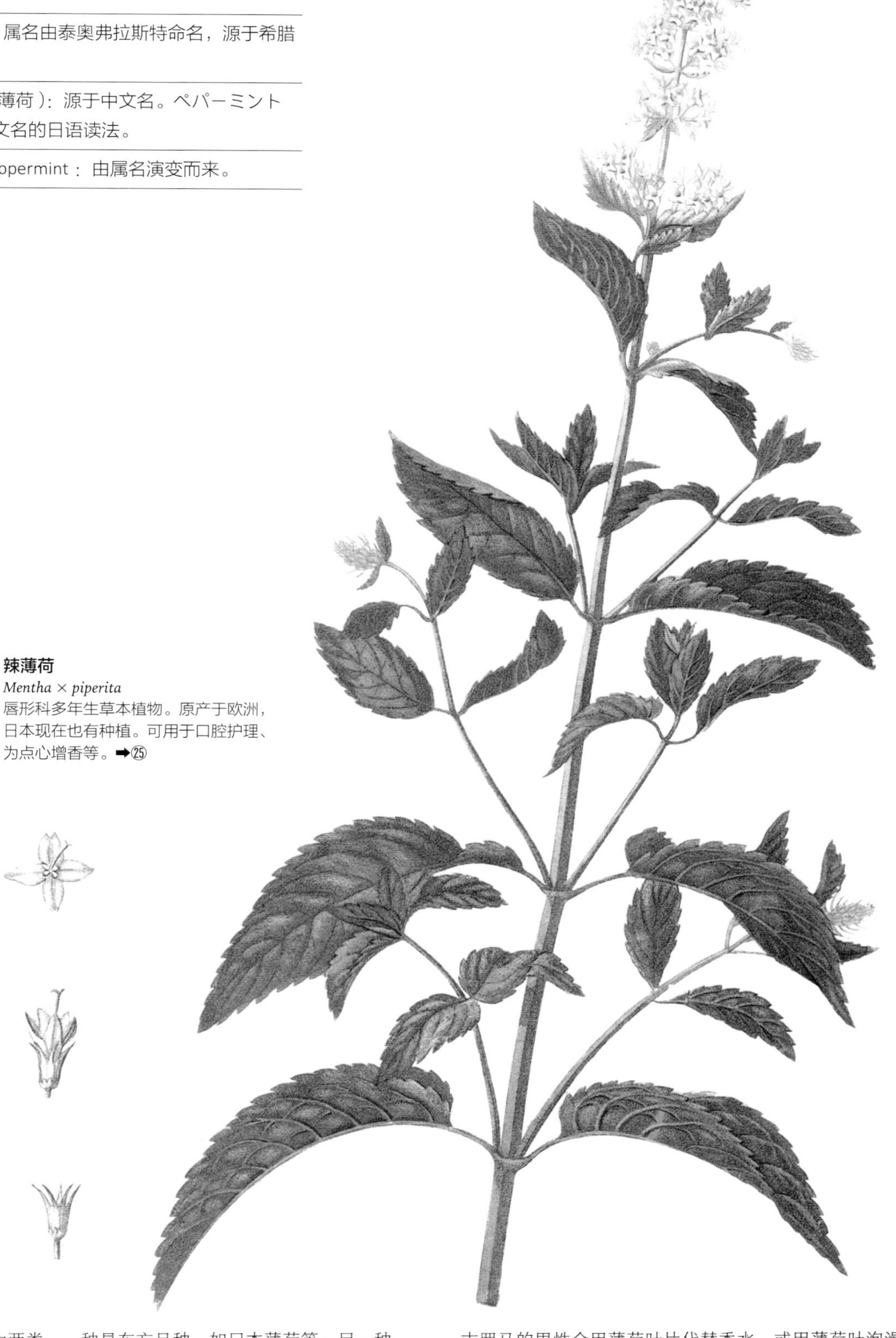

辣薄荷
Mentha × piperita
唇形科多年生草本植物。原产于欧洲，日本现在也有种植。可用于口腔护理、为点心增香等。➡㉕

薄荷大致可分为两类：一种是东方品种，如日本薄荷等；另一种为西方品种，如辣薄荷、留兰香（*Mentha spicata*）等。

在古希腊，薄荷曾用于厄琉息斯秘仪。希腊神话中，冥王哈迪斯迷恋上一位叫曼茜的精灵。哈迪斯的妻子珀耳塞福涅发现了二人的关系，将曼茜踩死了。就这样，曼茜化身为与自己同名的植物，即薄荷。据说，她的魅力化作芳香，经久不散。

古罗马的男性会用薄荷叶片代替香水，或用薄荷叶泡澡。每逢宴会时，人们还会在地板上铺满薄荷叶。

辣薄荷含有约1%的精油，其主要成分为L-薄荷醇。日本薄荷有苦味，因此在西方并不受欢迎。不过，作为药用薄荷醇的原料，它曾一度垄断世界市场。

中亚苦蒿

【原产地】欧洲、南西伯利亚。

【学　名】*Artemisia absinthium*：属名*Artemisia*源于古希腊神话中的女神阿尔忒弥斯的名字。种加词*absinthium*源于希腊语，意为“没有味道的”。

【日文名】にがよもぎ（苦蓬）：意为有苦味的蓬（蒿）。

【中文名】中亚苦蒿。洋艾：意为西洋的艾草。

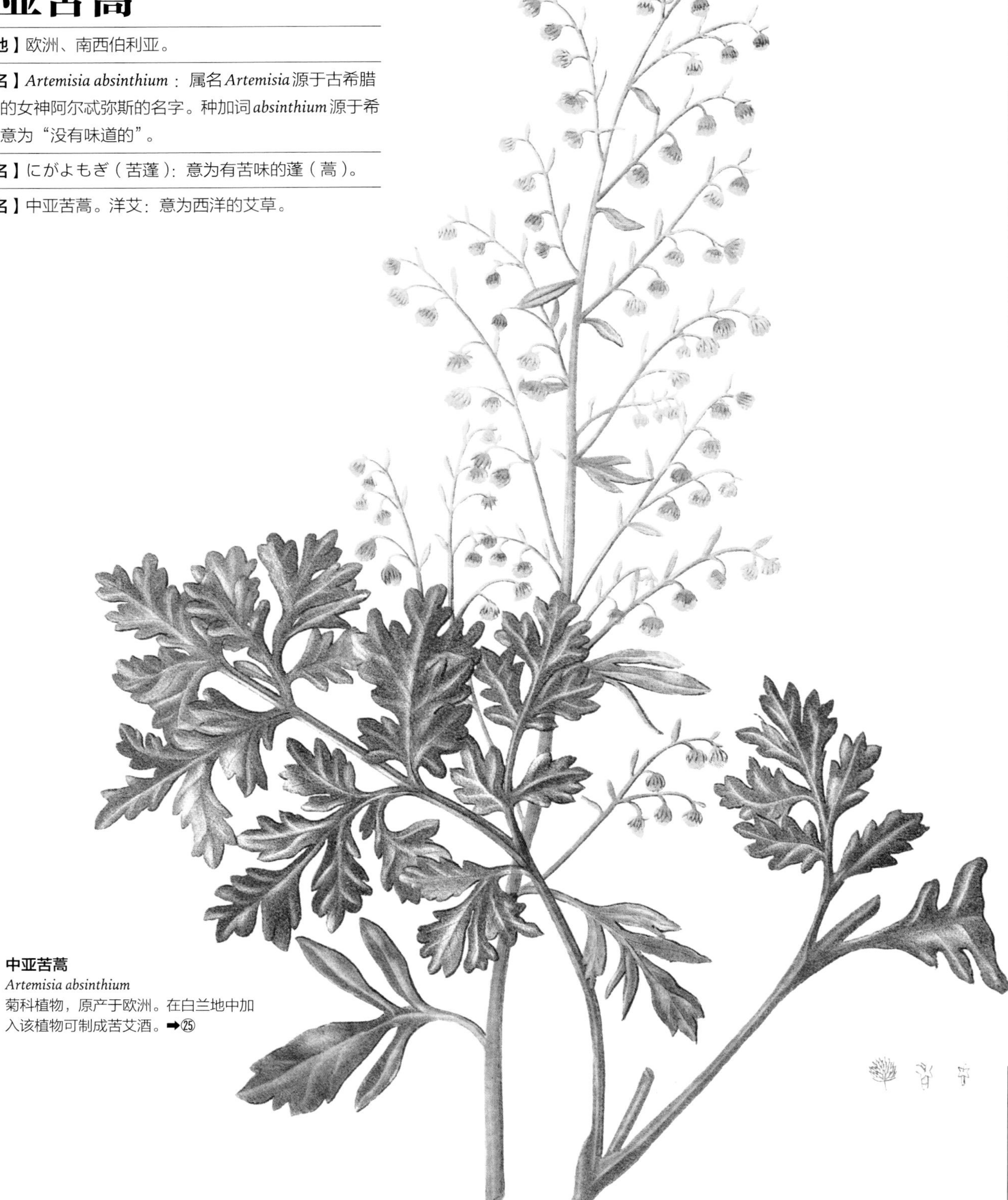

中亚苦蒿
Artemisia absinthium
菊科植物，原产于欧洲。在白兰地中加入该植物可制成苦艾酒。➡㉕

中亚苦蒿为蒿属植物，因用作苦艾酒的酿造原料而闻名。苦艾酒是一种烈酒，它在19世纪末的法国曾风靡一时。

在北欧民间传说中，中亚苦蒿是一种奇妙的植物，人们认为它具有很强的磁性，叶子总是指向北方，因此将其用于水晶占卜和巫术。它还是一种可用于治疗风湿、不孕、恶寒等症状的药草，据说这种药草对治疗妇科病十分有效，因为它是阿尔忒弥斯女神的圣草，属名“*Artemisia*”也源于她。根据老普林尼的记述，它具有杀虫和解毒的功效，如果在旅途中带着它就不会感到疲倦。

在《圣经·新约》中有这样一个故事——中亚苦蒿落入并污染了河水，饮下河水的人们相继死去。另外，中亚苦蒿在俄语中名为“切尔诺贝利”（Chernobyl）。

其药效成分包括苦艾苷和有苦味的精油苦艾醇，主要用作健胃剂和解热剂。

豆瓣菜属

【原产地】欧洲。

【学　名】*Nasturtium*：属名源于拉丁语，意为“拧鼻子”，因其具有强烈的刺激性和辛辣味而得名。该属名与园艺植物金莲花的英文名（Nasturtium）极其容易混淆。

【日文名】おらんだがらし（和蘭陀芥子）：意为从和兰[1]传入的与芥菜相似的植物。みずがらし（水芥子）：意为生于水边、与芥菜相似的植物。くれそん（kurenson）：法语名的日语读法。

【英文名】cress：语源可追溯到希腊语，意为“可食用的植物”，与“grass”（草）为同一语源。

【中文名】豆瓣菜。

1　日本人将荷兰译为“和兰”。——译者

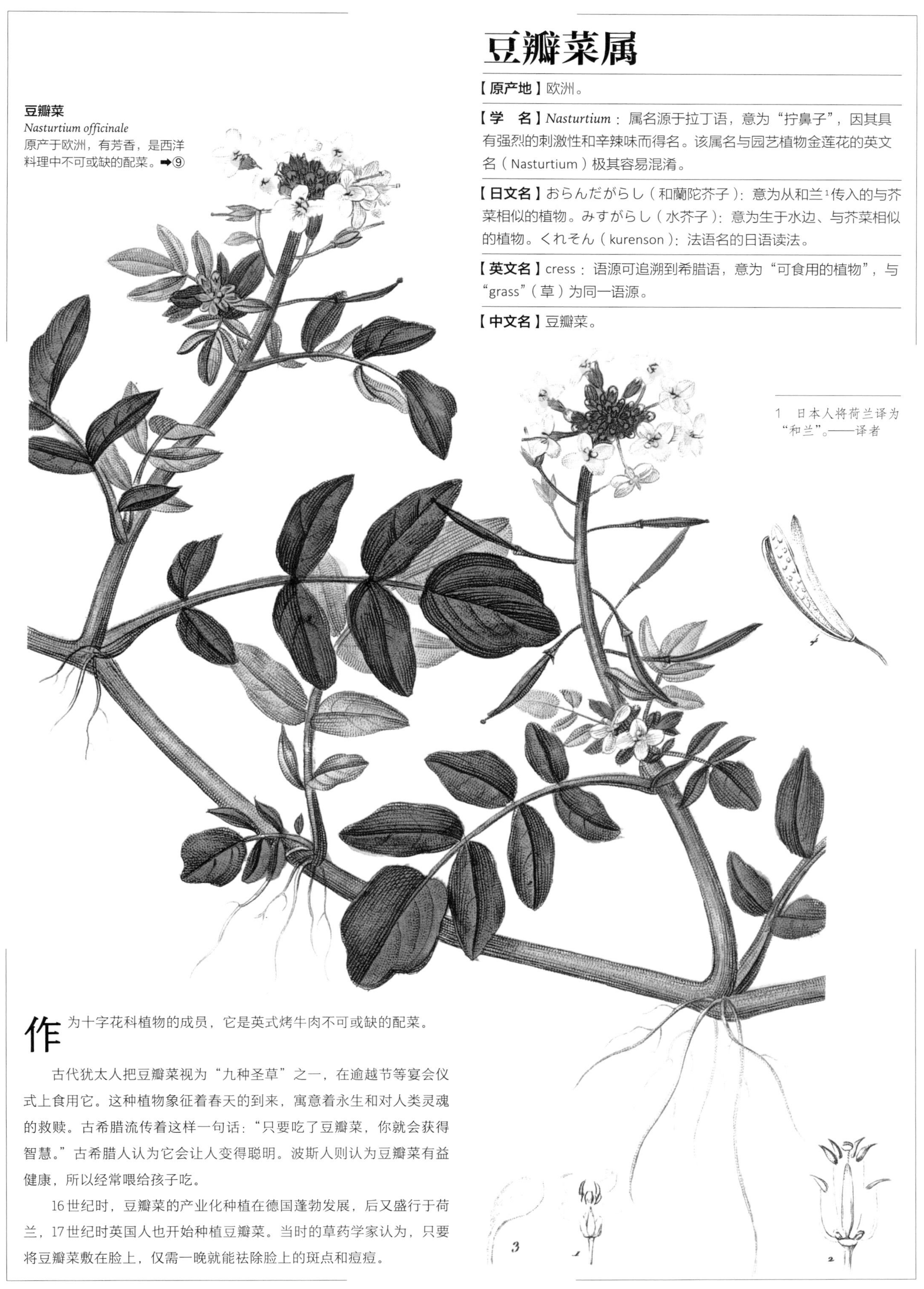

豆瓣菜
Nasturtium officinale
原产于欧洲，有芳香，是西洋料理中不可或缺的配菜。➡⑨

作为十字花科植物的成员，它是英式烤牛肉不可或缺的配菜。

古代犹太人把豆瓣菜视为“九种圣草”之一，在逾越节等宴会仪式上食用它。这种植物象征着春天的到来，寓意着永生和对人类灵魂的救赎。古希腊流传着这样一句话：“只要吃了豆瓣菜，你就会获得智慧。”古希腊人认为它会让人变得聪明。波斯人则认为豆瓣菜有益健康，所以经常喂给孩子吃。

16世纪时，豆瓣菜的产业化种植在德国蓬勃发展，后又盛行于荷兰，17世纪时英国人也开始种植豆瓣菜。当时的草药学家认为，只要将豆瓣菜敷在脸上，仅需一晚就能祛除脸上的斑点和痘痘。

绿豆蔻属

【原产地】印度西南部。

【学　名】*Elettaria*：属名源于印度西南部马拉巴尔地区的语言。

【日文名】しょうずく（小豆蔻）：意为小小的豆蔻。白豆蔻：意为白色的豆蔻。

【英文名】cardamon：在古希腊语中意为“香料植物”。

【中文名】绿豆蔻、小豆蔻。

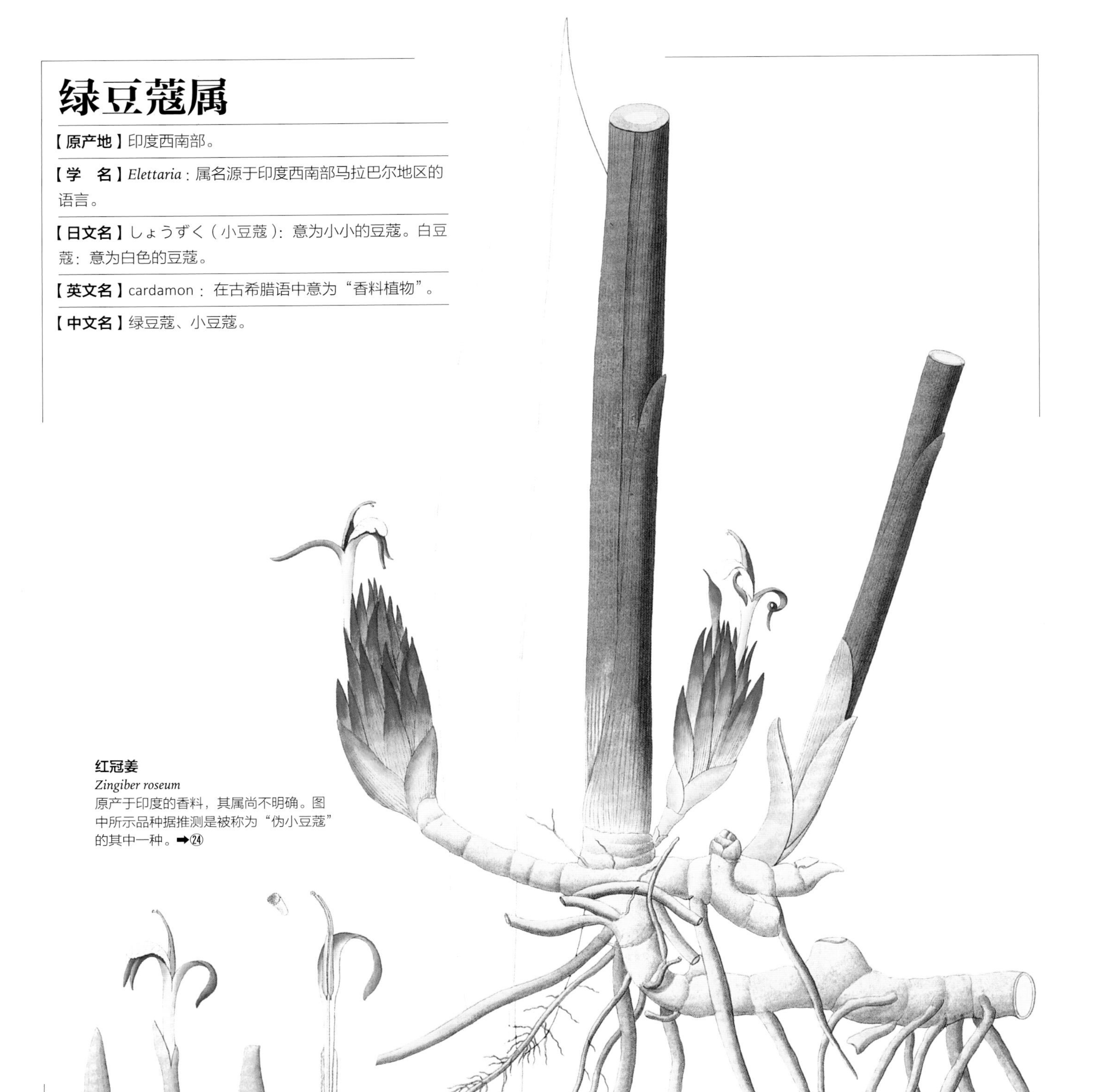

红冠姜
Zingiber roseum
原产于印度的香料，其属尚不明确。图中所示品种据推测是被称为“伪小豆蔻”的其中一种。➡㉔

从古代一直到中世纪初期，小豆蔻都是欧洲和中国最重要的香辛料之一。不过，现在它的地位已被肉豆蔻取代。

在欧洲，最早明确记录小豆蔻原产地的是葡萄牙航海家巴尔博萨（Duarte Barbosa），他在1514年提到小豆蔻是印度马拉巴尔海岸的特产。此外，1692年，雷德（Hendrik van Rheede）的博物学著作《马拉巴尔花园》（*Hortus Malabaricus*）中也提到，小豆蔻在当地被称为“Elettari”。

现在，印度、北欧和阿拉伯国家是小豆蔻的主要消费国。印度人用其制作咖喱，北欧人用其制作甜点，阿拉伯国家的人们则将其用作咖啡的调味料。在这些地区，人们还将小豆蔻干燥的种子作为口腔清新剂直接含在口中。由于小豆蔻的种植和加工难度高，是仅次于番红花和香荚兰的最昂贵的香辛料。

其主要成分为松油醇，具有健胃的效果，但因价格昂贵，并不做药用。

羊菊

【原产地】北半球温带、亚寒带。

【学　名】*Arnica montana*：属名源于古希腊语中一个与羊有关的词。关于该词的语源，目前尚无定论。

【日文名】あるにか（arunika）：属名的日语读法。うさぎぎく（兎菊）：与山金车同属的日本本土植物名。

【英文名】mountain arnica：意为“山中的山金车”。leopard’s bane：意为“豹毒”。 mountain tobacco：意为“山烟草”。

【中文名】山金车：其意或为将该植物的花比作山中金色的车。

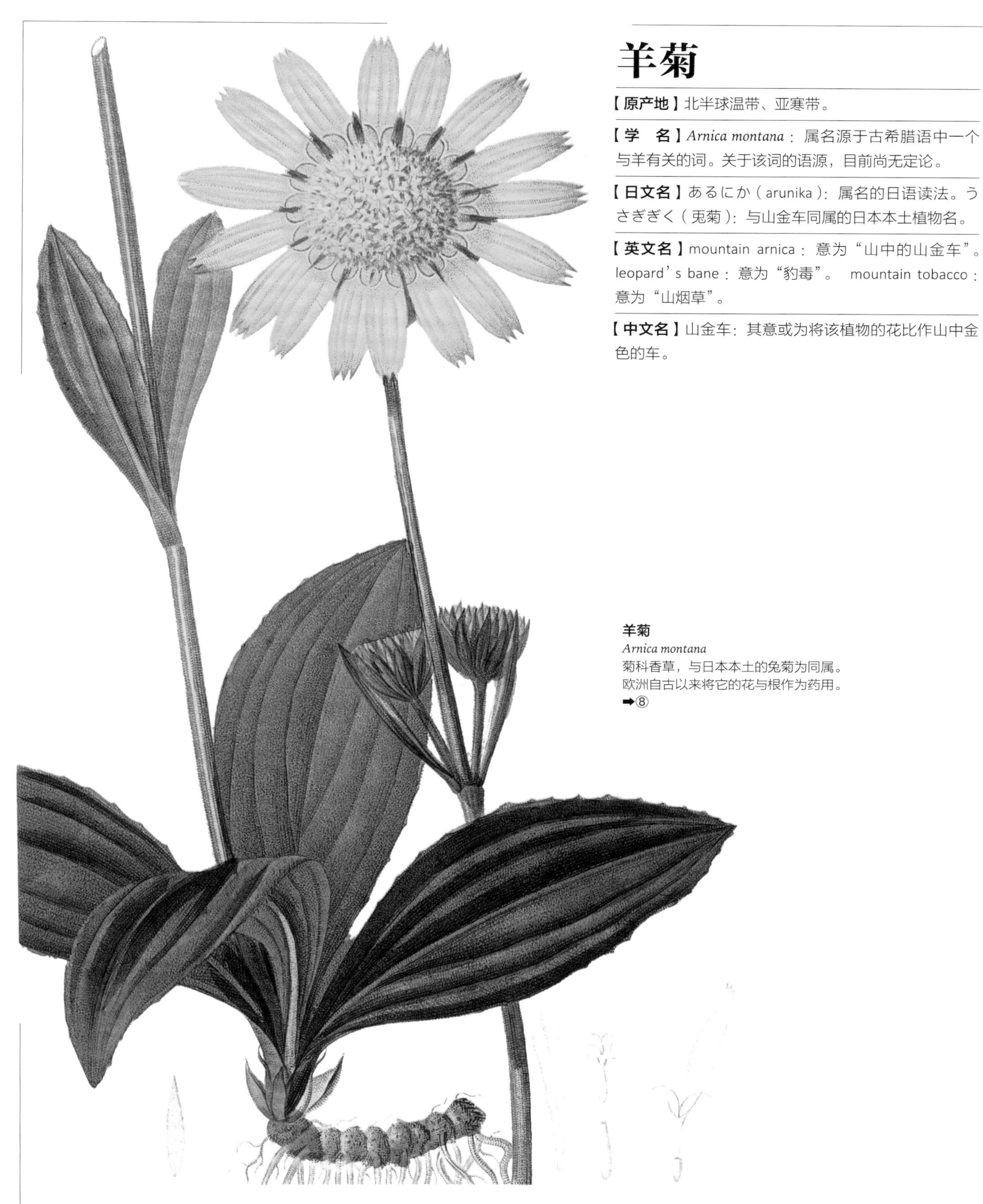

羊菊
Arnica montana
菊科香草，与日本本土的兔菊为同属。欧洲自古以来将它的花与根作为药用。
➡⑧

山金车是菊科草本植物，在欧洲自古就被视为灵药，备受人们珍视。北极地区也生长着同种山金车，但该地区的山金车叶片较窄，外观也不同。

文艺复兴时期，这种植物引起了草药学家马蒂奥利（Pietro Andrea Mattioli）等人的注意，尤其在16世纪时的德国，山金车成为一种普遍的民间药。后来，意大利威尼斯的外科医生们过度否定了这种植物的药用价值。于是，它在18世纪末被暂停使用。

山金车通体含有带苦味的山金车碱。山金车花干燥后可制成山金车酊剂，用于治疗外伤和止痒，干燥的山金车根可用作解热剂和兴奋剂。它还具有保护皮肤的功效，因此经常被用于制作护手霜。不过，山金车碱有毒，无论是内服还是外用，过度使用都会损害皮肤。

香荚兰

【原产地】中南美洲热带地区。

【学　名】*Vanilla planifolia*：属名源于西班牙语，意为“小荚”，因其果实细长呈荚状而得名。

【日文名】ばにら（banira）：属名或英文名的日语读法。

【英文名】vanilla：由属名演变而来。

【中文名】香荚兰。

香荚兰
Vanilla planifolia
兰科赫赫有名的植物。天然生长于墨西哥东部和中南美洲的湿地中，现种植于世界各地的热带地区。➡⑨

香荚兰是一种连孩子们都耳熟能详的著名香料。它来自新大陆，常常用于制作冰淇淋。

早在被欧洲人征服前，阿兹特克人就已经用香荚兰来调制巧克力了。16世纪时，西班牙国内建起了巧克力工厂，香荚兰也随之传入。不过，它的用途发生了改变，开始被用作兴奋剂或媚药。直到19世纪，香荚兰才正式传入英国。随后，各国开始在殖民地种植香荚兰。塔希提岛曾是著名的香荚兰产地，现在的主要产地是马达加斯加。除了作为甜点调味，香荚兰还用于治疗发热、癔症和月经不调。

其主要芳香成分为香草醛，现在可以从针叶树的木质素中合成，但在法国等地，法律规定必须使用天然香草醛来调味。

桂属

【原产地】斯里兰卡、塞舌尔群岛。

【学　名】*Cinnamomum*：属名源于古希腊语，意为“具有浓烈香气的卷曲的皮”。

【日文名】にっけい（肉桂）：锡兰肉桂、中国肉桂、阴香是不同的品种，在日本却经常混为一谈。桂皮指的是中国肉桂树的皮；锡兰桂皮源自锡兰肉桂树的树皮，经过干燥处理而成。

【英文名】cinnamon：由属名演变而来。

【中文名】肉桂：与日文名相同。

锡兰肉桂
Cinnamomum verum
出自乔梅顿编著的《药用植物事典》。由蒂尔潘绘制，他的插画总是清晰而典雅。
➡⑨

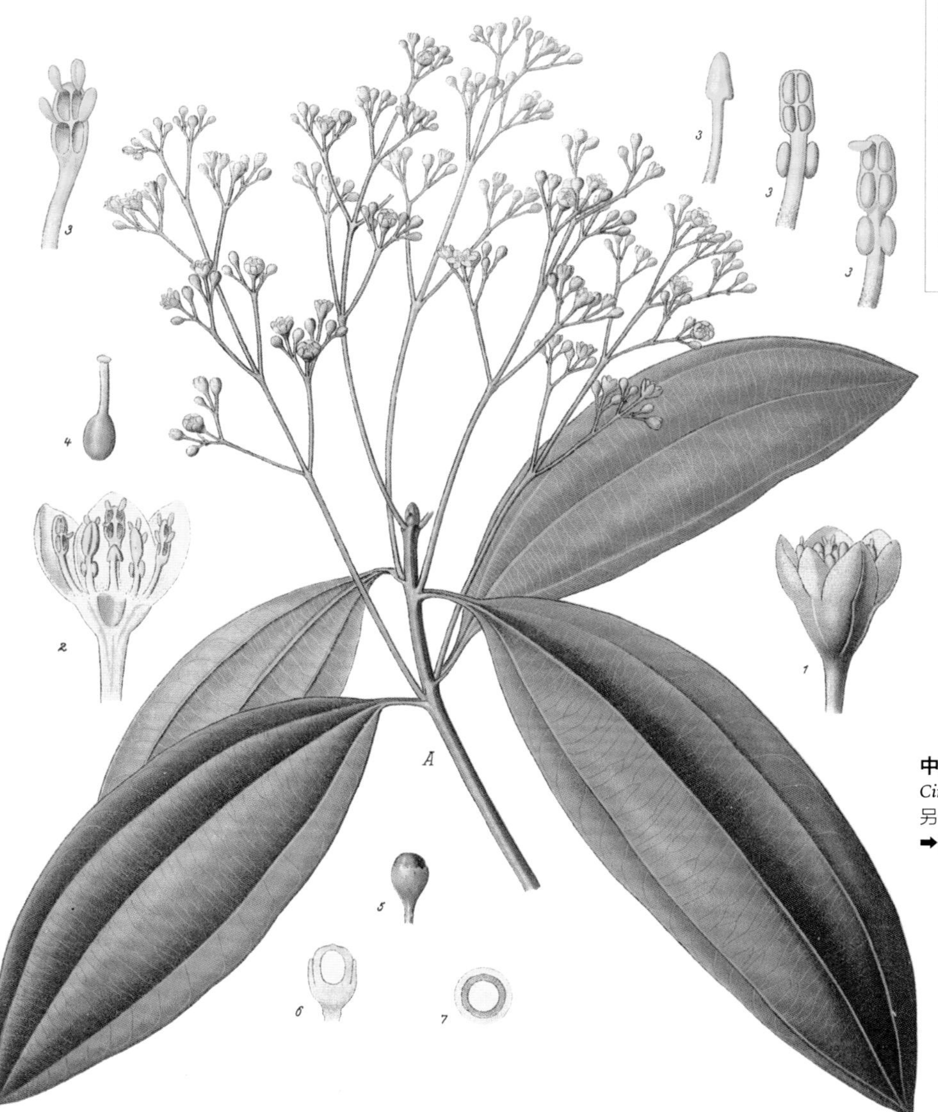

中国肉桂
Cinnamomum cassia
另一种肉桂，深绿色的外观很像野草。
➡㉓

肉桂是最古老的香辛料之一，与胡椒、丁香并誉为“世界三大香料”。肉桂类包括锡兰肉桂（*Cinnamomum verum*）、中国肉桂（*Cinnamomum cassia*）和阴香（*Cinnamomum burmanni*），均为樟属植物。各品种的香辛料都是从其树皮中提取的。

在《圣经》中，人们喜爱肉桂的馨香，对其高歌赞颂。据记载，公元前15世纪，古埃及人从现在的苏伊士地峡出发，途经非洲沿岸，最终在索马里附近发现了肉桂。根据希罗多德的记述，中国肉桂有蝙蝠守护，因此必须伪装成动物才能进行采集。至于采集锡兰肉桂，则需要以大肉块为饵，吸引肉桂鸟前来叼取，沉甸甸的肉块会压塌鸟巢[1]，锡兰肉桂便掉落在地面。

在中国，桂皮是一种常见的香辛料，它与花椒、八角、丁香和茴香并称为“五香粉”，是烹饪中必不可少的配料。

所有肉桂品种共有的主要成分为肉桂醛。

1　肉桂鸟喜欢用肉桂来筑巢。——编者

鼠尾草属

【原产地】欧洲南部。

【学　名】*Salvia*：属名源于古拉丁语，意为“治疗”。

【日文名】せじ（seeji）：英文名的日语读法。やくようさるびあ（薬用サルピア）：“サルピア（sarubia）”是学名的日语读法，应注意与园艺鼠尾草的区别。

【英文名】sage：由拉丁名演变而来。

【中文名】鼠尾草：其意或为叶片形态与鼠尾相似的植物。

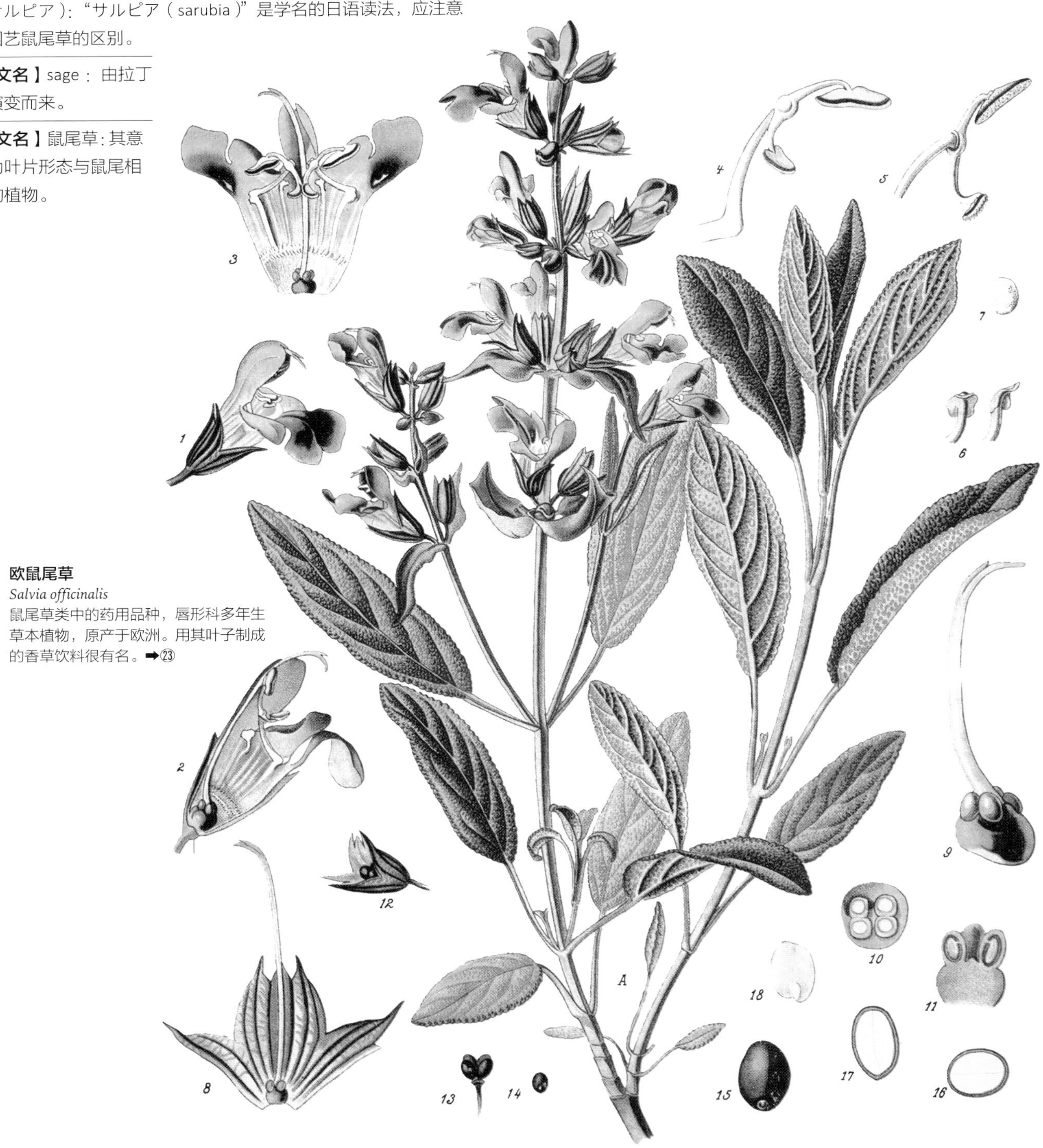

欧鼠尾草
Salvia officinalis
鼠尾草类中的药用品种，唇形科多年生草本植物，原产于欧洲。用其叶子制成的香草饮料很有名。➡㉓

鼠尾草自古以来就是广为人知的药草，并被人们视为长寿药。正如一句古老的谚语所说：“花园种点鼠尾草，大病小病不打扰。”

在古希腊，鼠尾草被誉为万能药，根据迪奥斯科里德的记述，鼠尾草可以治疗大多数肾脏疾病，在治疗过程中，褪色的头发会逐渐恢复黑色。此外，老普林尼称鼠尾草能治疗毒蛇咬伤。

由于鼠尾草具有极强的杀菌作用，它从中世纪开始被用作毒虫咬伤的消毒剂和牙膏。

在茶叶传入前，许多人用鼠尾草煎制饮料。茶叶传入后，鼠尾草饮料反倒在中国流行起来。据说，用干鼠尾草叶可以换其3倍的茶叶。

干叶中含有2%的精油。主要成分为蒎烯和桉叶油醇，可用作漱口药。

茉莉花

【原产地】印度、阿拉伯半岛。

【学　名】*Jasminum sambac*：属名源于阿拉伯语中意为“茉莉花”的词。

【日文名】まつりか（茉莉花）：源于中文名。

【英文名】jasmine：由属名演变而来。

【中文名】茉莉花。

茉莉花
Jasminum sambac
茉莉花油作为芳香剂被广泛应用，此外其花朵的汁液对结膜炎也有很好的疗效。
➡③

茉莉花是一种古老而著名的素馨属香料植物，过去一直被用于化妆。在下午到傍晚时分，为了不损伤花瓣，采集者将茉莉开花前的花蕾连同萼片一起摘下，将它们薄薄地摊开并晒干。在中国，茉莉干花用于给乌龙茶调味。

从其花瓣中还可以提取茉莉花油。据说，自古希腊和古罗马时代起，这种茉莉油就被用作芳香油和香料。在法国、意大利等南欧地区，人们通过嫁接和扦插栽培同属的素馨花（*Jasminum grandiflorum*），并将其用作香水原料。从这些植物中提取的芳香油价格昂贵，每千克超过15万元，因此近年来逐渐出现了化学合成品。

茉莉花的芳香成分为茉莉油，其中所含的茉莉酸甲酯是真正的芳香物质。由于含有苯甲酸和芳樟酯等成分，用水煮后的茉莉花汁液清洗眼睛可治疗结膜炎。

桉属

【原产地】澳大利亚。

【学　名】*Eucalyptus*：属名源于希腊语，意为“被好好地覆盖住”。关于命名的理由，有诸多说法。

【日文名】ゆーかり（yuukari）：取属名的前半部分，再转变为日语读法。

【英文名】gum tree：人们将从树干中提取的树脂称为“树胶”，这也是桉树类的总称。blue gum：一般被称为桉树的就是此种，树脂为蓝色。

【中文名】桉树。

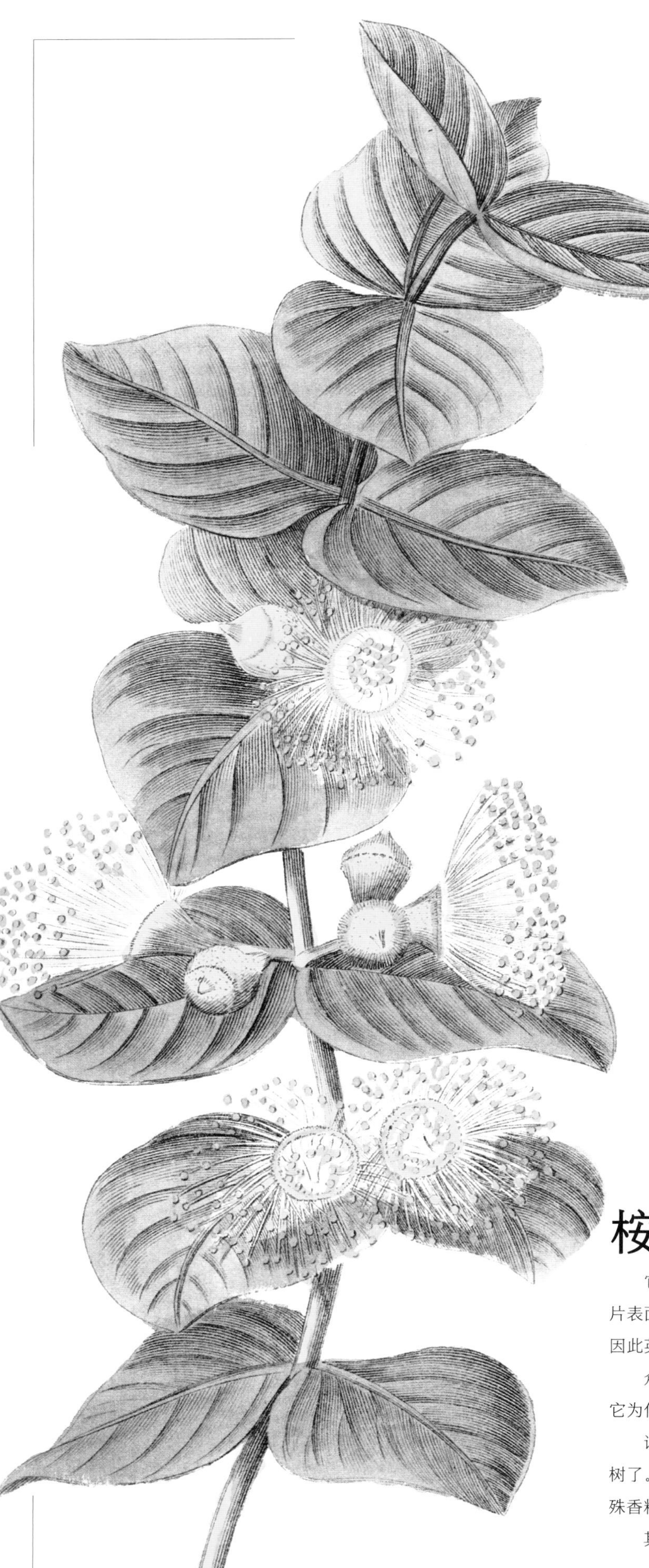

异心叶桉
Eucalyptus cordata
桃金娘科，能吸收大量水分，是考拉王国澳大利亚最具代表性的药用树木。具有极高的药用价值，对风湿病等有疗效。
➡⑨

桉树是大洋洲的代表性香料植物。该属十分庞大，约有500个品种，其中绝大多数分布在澳大利亚。

它的叶片呈蓝灰色，细长，含有精油，将其放在光亮处能看见叶片表面的油腺，揉搓则会散发芳香。其树干通常会分泌一种树脂物质，因此英文名字叫“gum tree”。

众所周知，澳大利亚的国宝树袋熊爱吃桉树叶，但至今仍不清楚它为什么只吃某些特定树种的叶子。

说起润喉护嗓的喉糖原料，排第一的是薄荷，排第二的就要数桉树了。东南亚著名的“虎标万金油”含有一种名为“白千层油”的特殊香料，而日本市面上的“虎标万金油”则是用桉树叶代替了白千层油。

其芳香成分为桉叶油醇，叶子中含有1% ~ 6%的精油。

菊苣属

【原产地】 欧洲、西伯利亚、北非。

【学　名】 *Cichorium*：一说属名源于阿拉伯语，一说源于希腊语中意为“长于田间”的词，也有人说该词可以追溯至古埃及语。

【日文名】 きくにがな（菊苦菜）：与菊相似，有苦味的菜。ちこり（chikori）：英文名的日语读法。

【英文名】 chicory：属名经由法语再演变为英语。

【中文名】 菊苣：“苣”指莴苣。

菊苣
Cichorium intybus
也被称为“苦苣菜”，原产于欧洲地中海沿岸。常被加入咖啡增加苦味。➡⑨

菊苣
Cichorium intybus
出自雷杜德堪称杰作的花谱图。但不知为何，本种并未在日本普及。➡㉑

菊苣是一种香料植物，因它的根可作为咖啡的替代品而闻名，它还被习惯性地加入咖啡调味。据说它既可以减轻咖啡的刺激性，也能增加苦味。

原种菊苣在法语中被称为“圣方济会托钵僧的胡子”，这是因为菊苣的茎秆坚硬，很像僧侣的胡子。自古罗马时代起，菊苣一直被当作蔬菜，用于制作沙拉，人们种植它也是出于食用目的。

在中世纪的欧洲，人们相信这种植物的蓝色花朵蕴藏着魔力。据说，只要身上佩戴菊苣，别人就无法看见你，仿佛戴了隐形头巾一般。还有人说，把菊苣放在锁前，锁会自动打开。在英国，菊苣被用作家畜的饲料，它也是野兔最喜欢的食物。

其根部含有苦味物质抑制素和菊粉，可用作利尿剂和健胃剂。另外，由于它具有杀菌作用，17世纪时曾被用作杀虫剂。在中国，菊苣全草可用于治疗肝炎和黄疸。

丁香蒲桃

【原产地】东南亚。

【学　名】*Syzygium aromaticum*：属名源于英语中的一个天文学单词“syzygy”，意为“合冲，朔望”，但命名理由不详。

【日文名】ちょうじ（丁子）：源于中文名。

【英文名】clove：源于日耳曼语，原意为“有裂口的球根”。

【中文名】丁香蒲桃。

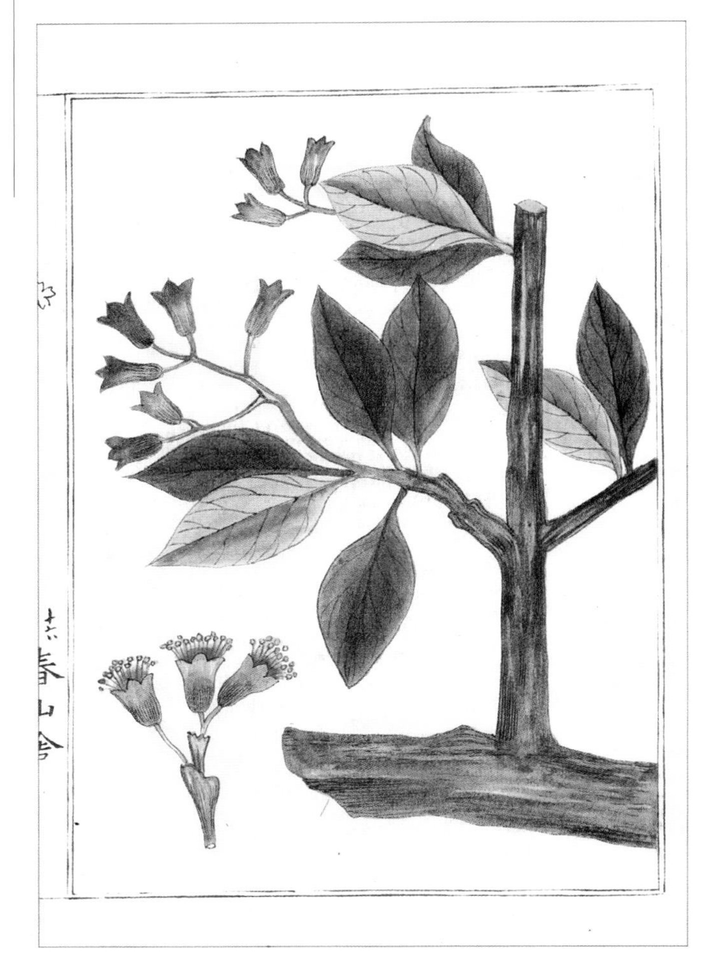

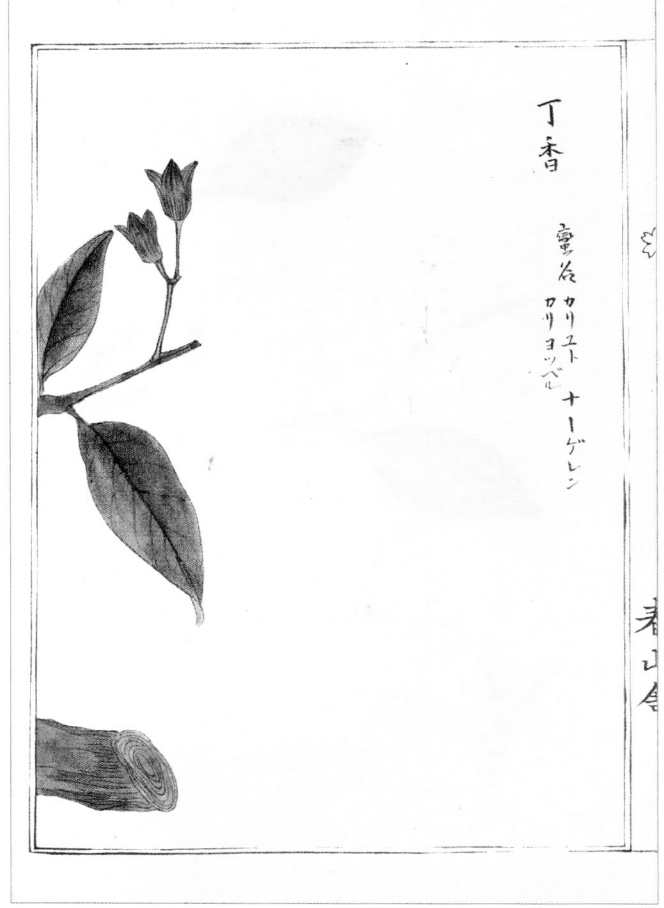

丁香蒲桃
Syzygium aromaticum
可用于刀剑防锈等。在日本，宝尽纹样中就有“丁子”形象，足见其珍贵。
➡⑩

丁香蒲桃是一种药用植物，它带动了香辛料贸易。中国人对它的认识由来已久。据说汉朝的官员们在与皇帝交流时常把它含在嘴里，这么做是为了让口气变得清香。

在地中海地区，老普林尼曾介绍过一种从印度传入的香料，但无法确定那是否就是丁香蒲桃。不过，公元4世纪时终于出现了明确的记录，公元8世纪时整个欧洲都知道了丁香蒲桃的存在。13世纪时，丁香蒲桃成为一种常见的高价香料，但即便是负责进口它的阿拉伯商人也不知道其原产地在哪儿。

到了15世纪，人们终于发现了丁香蒲桃的原产地。葡萄牙人在16世纪占领了这一地区，他们将种植地限制在安汶岛，并开始了垄断贸易。后来，荷兰人取而代之，为了垄断种植，他们开始了残酷的殖民地经营。

其主要芳香成分为丁香酚，具有抗菌和健胃作用。

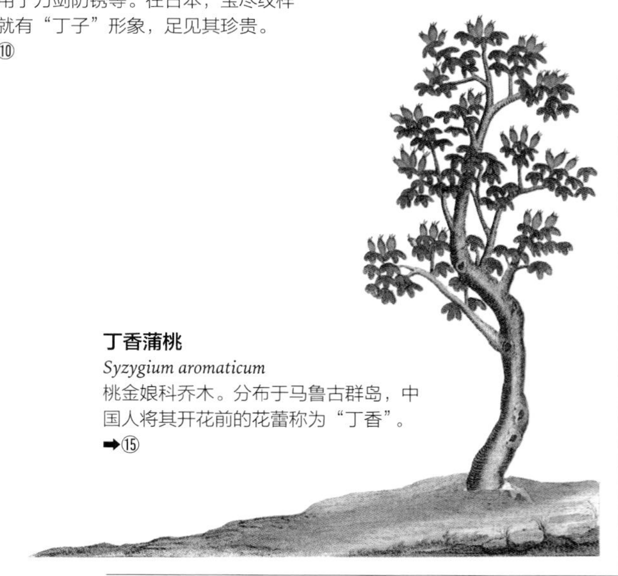

丁香蒲桃
Syzygium aromaticum
桃金娘科乔木。分布于马鲁古群岛，中国人将其开花前的花蕾称为“丁香”。
➡⑮

琉璃苣属

【原产地】地中海沿岸。

【学　名】*Borago*：关于其属名的来源有诸多说法,如“毛茸茸的衣服”“让心脏跳动”“粗糙的”等。据说该词起源于阿拉伯语，意为“汗水之父”。

【日文名】るりじさ（瑠璃萵苣）：开琉璃色的花，形态又似莴苣，因而得名。

【英文名】borage：由属名演变而来。

【中文名】琉璃苣：与日文名相同。

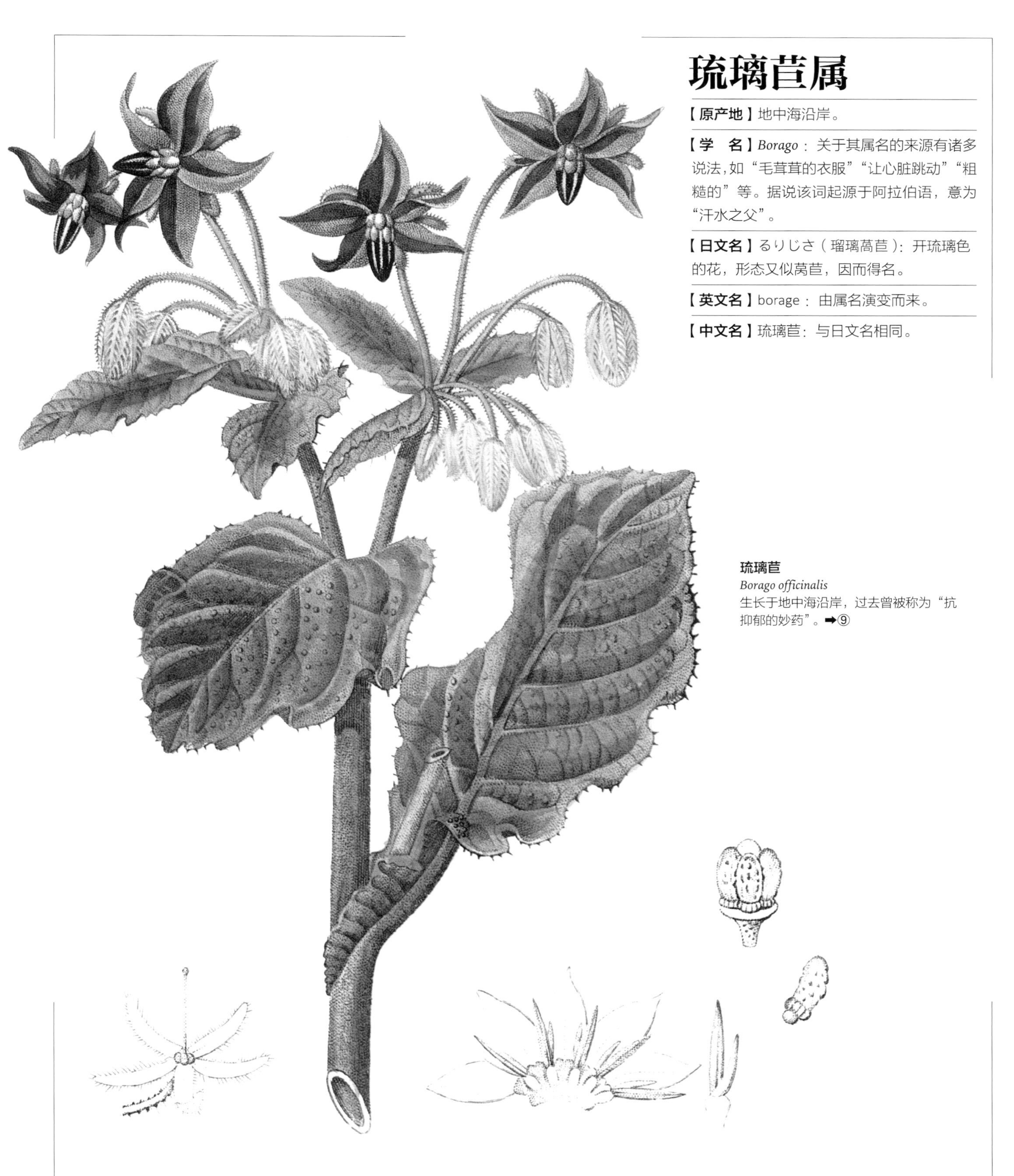

琉璃苣

Borago officinalis

生长于地中海沿岸，过去曾被称为“抗抑郁的妙药”。➡⑨

琉璃苣是紫草科芳香植物。17世纪英国思想家罗伯特·伯顿在其著作《忧郁的解剖》（*The Anatomy of Melancholy*）中写到，自古罗马时代起琉璃苣就被认为是治疗抑郁症的妙药。

人们认为琉璃苣的叶子、花朵和种子具有振奋精神、消除忧郁的作用，正如一首古老的拉丁文诗歌所说：“我是勇敢的琉璃苣，面对困难不畏惧。”英国也有一句古老的谚语：“没有琉璃苣的花园就像缺乏勇气的心。”不过，琉璃苣的根没有药用价值。从中世纪到19世纪初，人们会对琉璃苣的嫩芽进行焯水备用，嫩叶则被做成沙拉端上餐桌。伊丽莎白时代的女性喜欢把琉璃苣图案设计在刺绣中。画家们还用琉璃苣的液汁调制出圣母蓝，用这种颜色绘制的圣母玛利亚长袍显得高雅动人。

其药效成分为皂苷和单宁酸，可用作发汗剂和利尿剂。

肉豆蔻属

【原产地】 马鲁古群岛。

【学　名】 *Myristica*：属名源于古希腊语，意为“没药的味道、芳香”，因其散发芳香而得名。

【日文名】 にくずく（肉豆蔻）：源于中文名。

【英文名】 nutmeg：源于古代法国南部的语言，指一种散发麝香香气的果实。后经误传成为肉豆蔻的英文名。

【中文名】 肉豆蔻。

肉豆蔻
Myristica fragrans
原产于马鲁古群岛。自古就是重要的香料，平时我们所说的“肉豆蔻”是其种子的种仁。➡⑨

从肉豆蔻果实的种仁和种皮中能分别提取出肉豆蔻和肉豆蔻衣这两种香辛料。

肉豆蔻在12世纪末已为欧洲人所知，但价格十分昂贵，据说在当时的英国，1法镑（约340克）肉豆蔻的价格相当于3只羊。不过，当葡萄牙人在16世纪占领摩鹿加群岛（今马鲁古群岛）时，肉豆蔻已经被引入并牢牢扎根在欧洲了。

17世纪时，荷兰人垄断了肉豆蔻贸易，直到1778年，法国殖民地总督皮埃尔·波弗（Pierre Poivre）才将肉豆蔻植株走私到毛里求斯岛。拿破仑战争后，荷兰人并未停止垄断种植肉豆蔻的企图，直到1864年才解除禁令。

其主要成分包括肉豆蔻醚和丁香酚，在中国长期以来一直被用作健胃剂等药物。近年来，有人把它当作致幻剂使用，引发不少问题。

罗勒属

【**原产地**】亚洲热带地区、中国。

【**学　名**】*Ocimum*：属名源于古希腊语，其意与“香味”有关，泰奥弗拉斯特曾使用过该名。

【**日文名**】めぼうき（目箒）：其种子遇水后会形成果冻状的物质，可用于清洁眼睛里的异物，因而得名。

【**英文名**】basil：源于古希腊语，意为“具有国王之尊的”，因希腊的贵族将其用作香水而得名。

【**中文名**】罗勒。

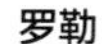

罗勒
Ocimum basilicum
唇形科一年生草本植物，原产于中国。其清秀的外形十分符合日本人的审美观。它的日文名“目帚”听上去更像某种药草的名字。➡⑨

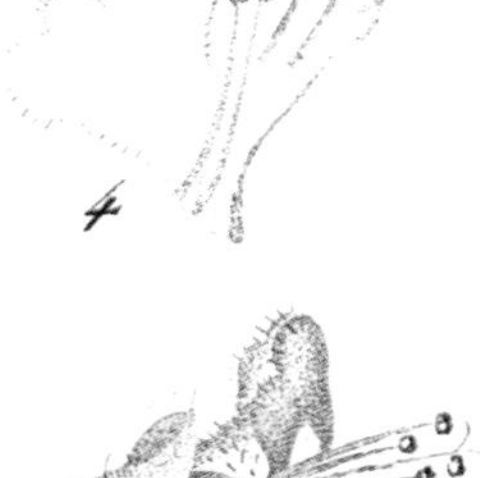

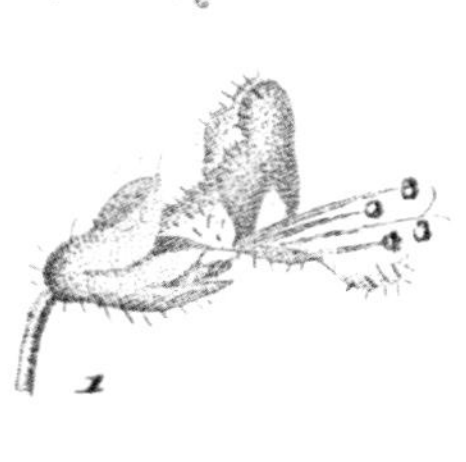

罗勒与紫苏同属唇形科，是烹饪意大利美食不可或缺的配料。

据说，罗勒是由亚历山大大帝带到欧洲的，在古罗马时代已有种植它的记录。在希腊，它被称为“basilikon”（高贵的植物），这也是其英文名“basil”和意大利名“basilico”的由来。不过，由于这个词与怪物“巴兹里斯克蛇”（basilisk）的名字相似，因而产生了混淆，以至于人们慢慢开始相信罗勒是可以消除这种怪物的毒气的灵草。

从薄伽丘在《十日谈》（*Decameron*）中讲述伊莎贝拉的悲剧开始，罗勒在欧洲就被视为坟墓的象征。伊莎贝拉把被杀的情人洛伦佐的头骨埋在盆里，并种上罗勒，每天以泪浇灌它，后来罗勒长成了一大片，散发出奇异的芳香。在原产地印度，罗勒也被称为净化空气的“圣草”，出殡前人们习惯将叶子放在死者的胸口。

罗勒全草都含有精油，对肾脏疾病有疗效。在印度尼西亚，其果实用于治疗心悸、淋病等。

菜蓟属

【原产地】西地中海地区。

【学　名】*Cynara*：属名源于希腊语，意为“狗”。因其生有狗牙般的刺而得名。

【日文名】ちょうせんあざみ（朝鮮薊）：意为异国的蓟。

【英文名】artichoke：源于西班牙语，经由意大利再演变为英语。

【中文名】洋蓟：意为西洋的蓟。

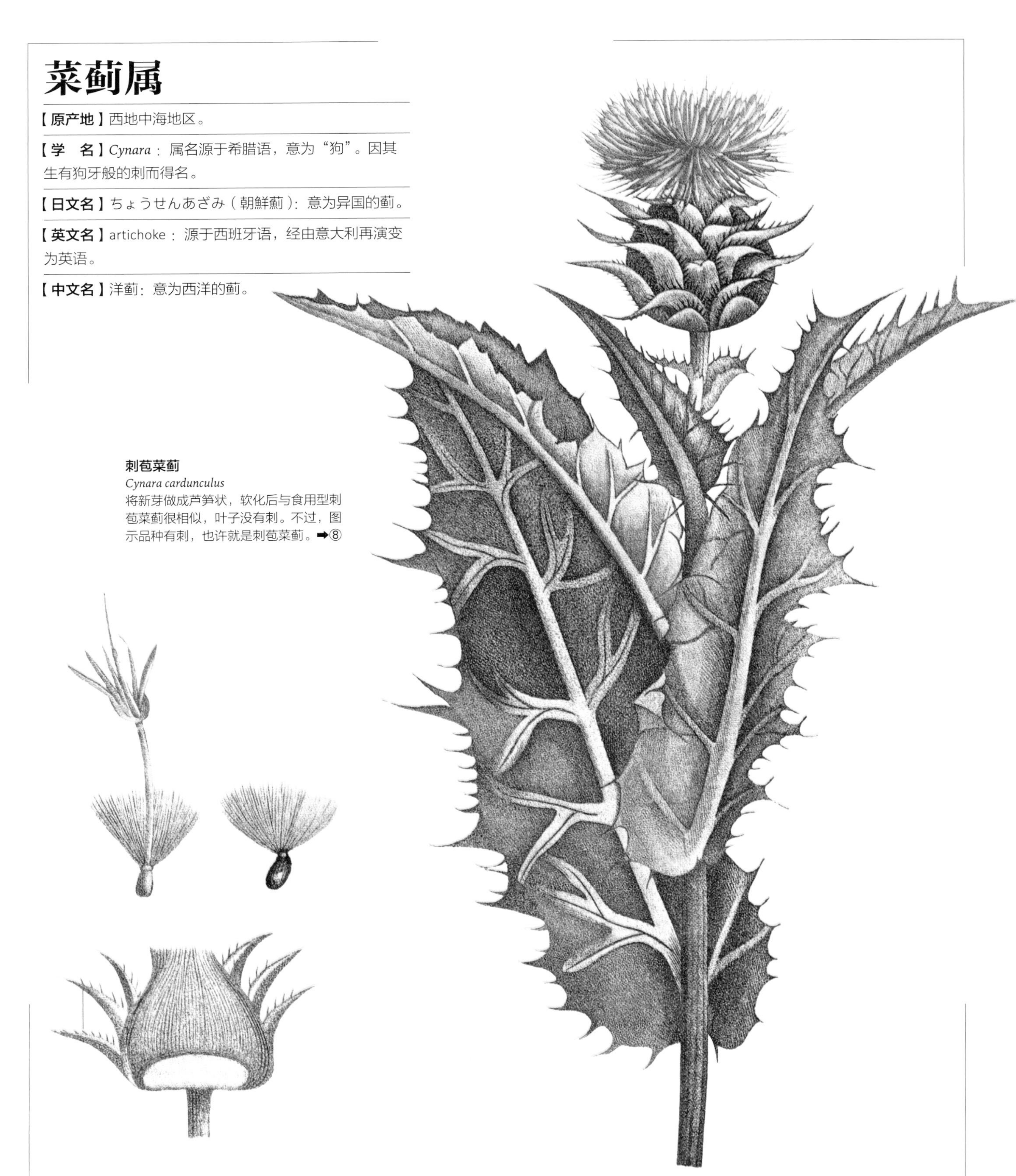

刺苞菜蓟
Cynara cardunculus
将新芽做成芦笋状，软化后与食用型刺苞菜蓟很相似，叶子没有刺。不过，图示品种有刺，也许就是刺苞菜蓟。➡⑧

菜蓟是药用蔬菜。一般认为菜蓟属于栽培品种，源于古埃及时代的刺苞菜蓟。刺苞菜蓟的根和硬质叶片可药用，但味道极苦，能刺激胆汁分泌，可用于治疗黄疸等疾病。后来，在文艺复兴时期的意大利，一种似乎由刺苞菜蓟培育而来的奇特蔬菜出现了，其花蕾可食用，也就是我们现在所看到的品种。这种植物最早见于1446年的记录。16世纪，它传入法国并得到不断改良，逐渐发展成我们今天看到的带有巨大花蕾的品种。

菜蓟开花前的花蕾可生吃，或用盐水煮后用于做沙拉或肉类菜肴的佐料。在法式料理中，它是一种人气很高的蔬菜。菜蓟于江户时代中期传入日本，但并不适合在多雨的气候环境中生长，因此未作为蔬菜在日本扎根。另外，在德国和瑞士被称为“菜蓟根”的其实是黄花矮蓟的根部。

番红花

【原产地】地中海沿岸。

【学　名】*Crocus sativus*：属名*Crocus*源于古希腊语，意为“细线”。由泰奥弗拉斯特命名，因其雌蕊像线一样而得名。种加词*sativus*源于拉丁语，意为“种植的”。

【日文名】さふらん（safuran）：人们收集其花柱，并将风干后做药用的部分称为“saffron”。之后该药物的名称便成为这种植物的名称。

【英文名】saffron crocus：参照日文名一项。

【中文名】番红花：源于“saffron”的音译。

PLANTE DE LA FRANCE
Pl. 351.
A
B
LE SAFRAN PRINTANIER.
Crocus, sativus vernus. L.S.P. triand. monogy. 50 Cette plante vient naturellement dans les lieux incultes et montagneux de la Provence et du Languedoc, on la cultive ici dans les jardins parceque sa fleur est jolie et qu'elle est une des premieres du printemps; elle est vivace... d'une petite bulbe arrondie s'elevent de six à sept pouces des feuilles étroites, épaisses, pointues, glabres, divisées sur leur surface superieure seulement et suivant leur longueur par une ligne blanche et enveloppées à leur base d'une gaine seche et transparente; du milieu de ces feuilles s'elevent de trois pouces ou environ une ou deux fleurs sans calice et de peu de durée; chaque fleur est monopétale divisée en six parties égales, portée par une hampe fistuleuse qui se prolonge jusqu'a la racine où se trouve le germe qui se change en une capsule trilobée, triloculaire et trivalve, ce germe est surmonté d'un pistil à trois stygmates épais, crenelés à leur sommet et plus elevés que les étamines qui sont aussi au nombre de trois et inserées sur la corolle.
N.B. La fig A représente la corolle ouverte, on voit fig B cette plante dans son entier avant sa floraison.

番红花

Crocus sativus

鸢尾科药用植物，人们通常会采集番红花的花柱做药用。插图的构图十分大胆，图中所示为欧洲的代表品种之一。➡⑯

番红花在日本作为园艺品种很受欢迎。它在欧洲自古以来就是一种重要的药用植物。

它是希腊神话中的克罗科斯之花。克罗科斯是一个为爱而死的青年，他爱上了树精灵斯麦莱克斯。一说被绑在高加索山上的普罗米修斯的鲜血中也生出了番红花。罗马人将其撒在浴室、床上和宴会现场，享受它的芬芳，另外它还有催情的作用。中东人将其视为珍贵的染料，至今仍被用作食品着色剂，如用其做成的番红花米饭，只需两三朵雌蕊就能把一锅米饭染成番红花色。不过，如果按重量计算，番红花是所有香料中最昂贵的。

番红花作为染料还有一个不祥的含义——犹大和该隐的胡须据说就是番红花色的。

其药效成分包含多种类胡萝卜素，还有一种由这些色素水解后产生的精油——番红花醛，主要用作神经镇静剂、健胃剂和镇痛剂。

母菊属

【原产地】西地中海地区。

【学　名】*Matricaria*：属名源于拉丁语，是从“子宫”一词派生而成的词，因其对妇科病有疗效而得名。

【日文名】かみつれ（kamitsure）：荷兰名“kamille”的日语读法。也叫“かみるれ”（kamirure）、“かみれ”（kamire）。

【英文名】chamomile：曾用属名，在拉丁语中意为“地上的苹果”。

【中文名】母菊：属名的前半部分“matri-”有“母亲”之意，花形又与菊相似，因而得名。

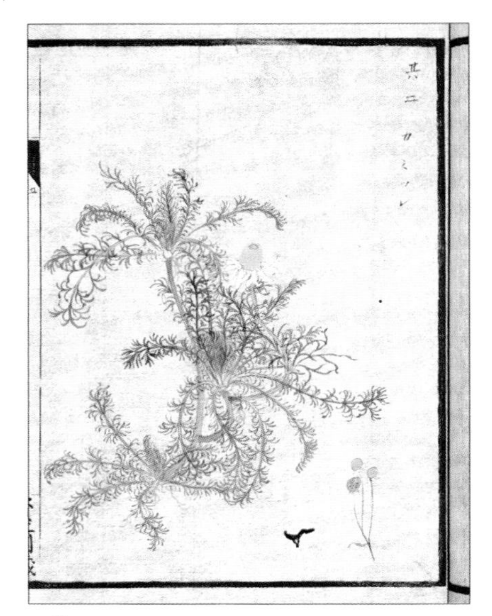

母菊
Matricaria chamomilla
出自马场大助绘制的图谱。据说，由荷兰名而来的称呼在江户时代就已出现。➡⑫

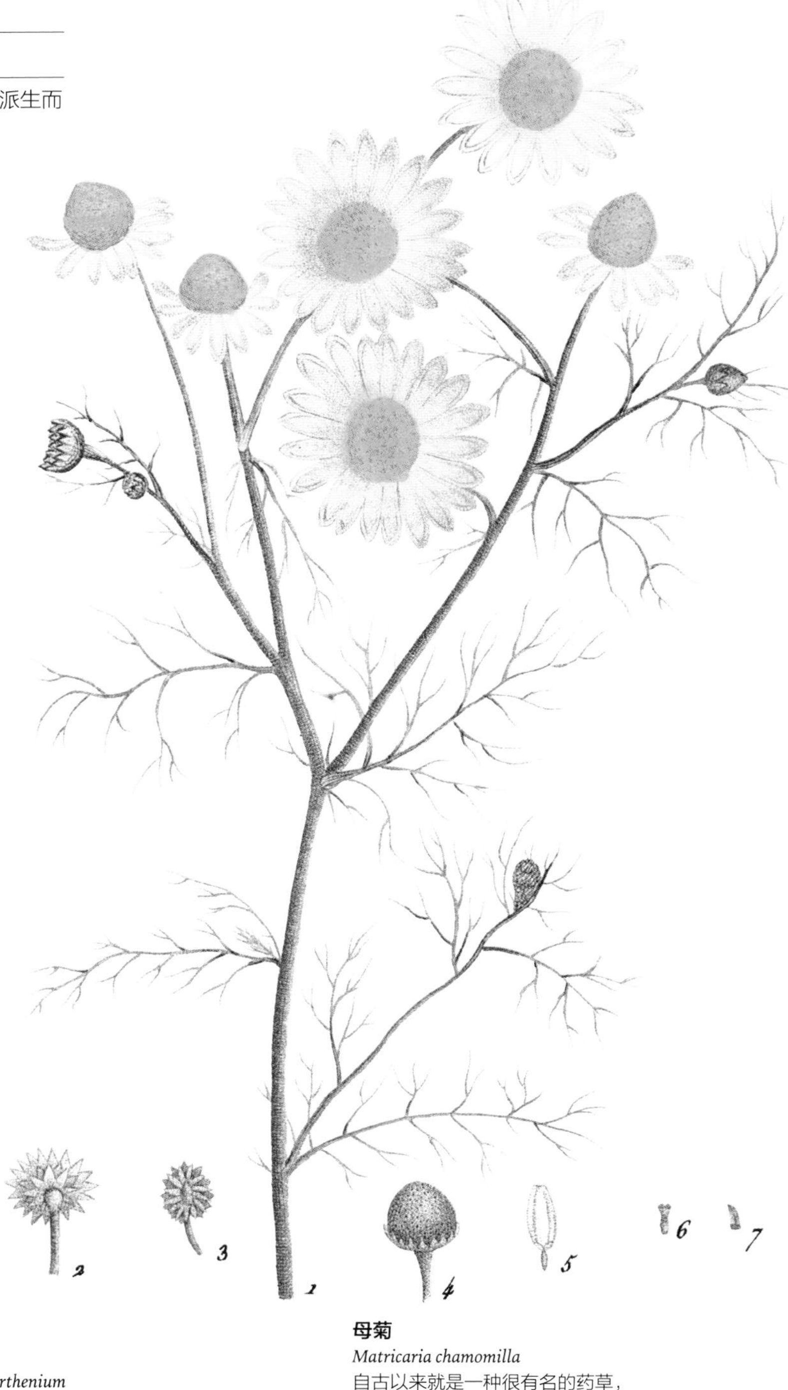

母菊
Matricaria chamomilla
自古以来就是一种很有名的药草，现广泛种植于欧洲。➡⑧

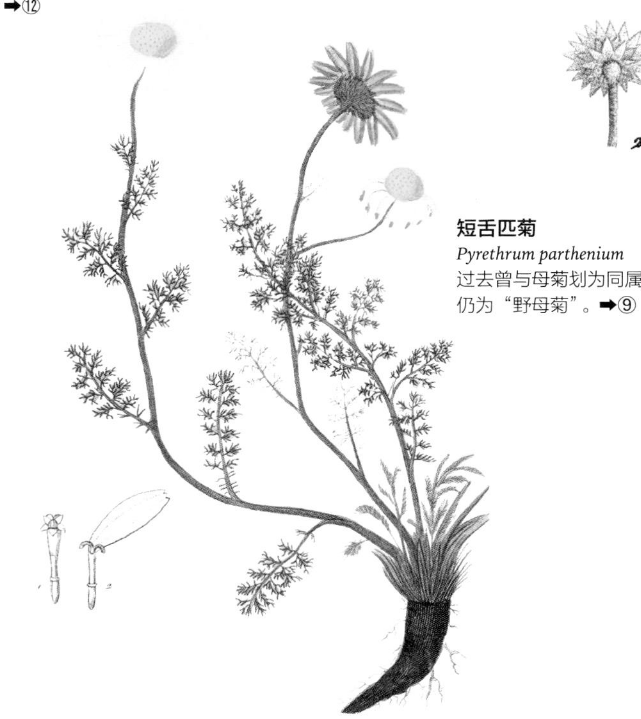

短舌匹菊
Pyrethrum parthenium
过去曾与母菊划为同属，现在的英文名仍为“野母菊”。➡⑨

母菊是菊科芳香植物，自古闻名。古埃及人认为它是治疗恶寒的特效药，并将其献给太阳神。

因为它的香气与苹果十分相似，它在希腊被称作“地上的苹果”，在西班牙被称作“小苹果”。长期以来，它一直被用作芳香剂和治疗各种疾病的药物，文艺复兴时期的本草书曾写道：“这种植物大家已经十分熟悉，因此无须赘述。”它还被称为“植物医生”，据说如果把母菊种在萎靡不振或染病的植物旁边，该植物就会重新焕发生机。

母菊含有约0.4%的精油，主要成分为萜烯醇和母菊薁，可用作发汗剂和驱虫剂。现在是欧洲国家保健花草茶中最常见的原料之一。

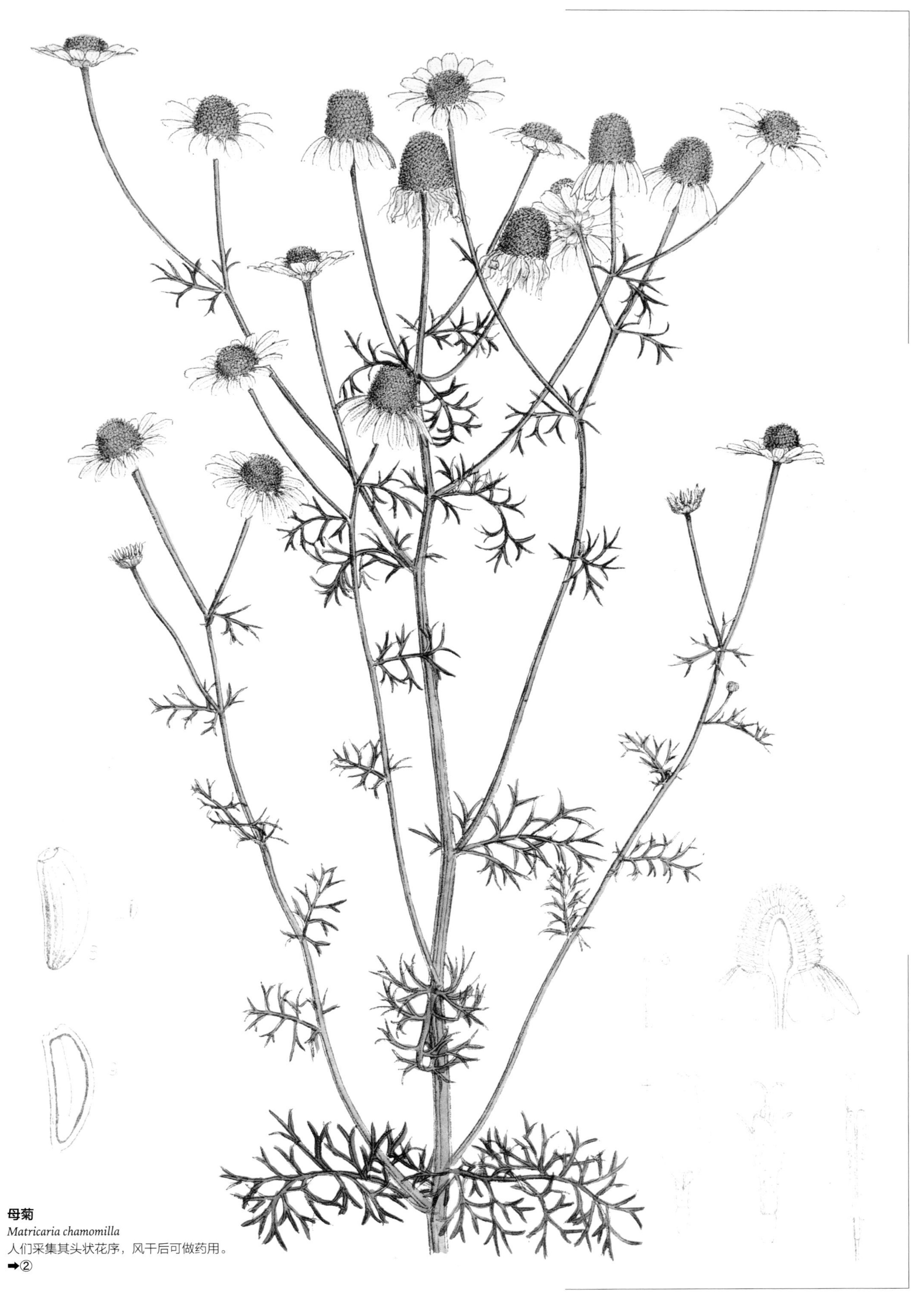

母菊

Matricaria chamomilla

人们采集其头状花序，风干后可做药用。

➡②

茴香属

【原产地】南欧、西亚。

【学　名】*Foeniculum*：属名源于希腊语，由意为“马草”的词语派生而来。因二者气味相似而得名。

【日文名】ういきょう（茴香）：源于中文名。

【英文名】fennel：由属名语源的希腊语演变而来。

【中文名】茴香：该植物有除臭之效，能让食物重新散发香气，因而得名。

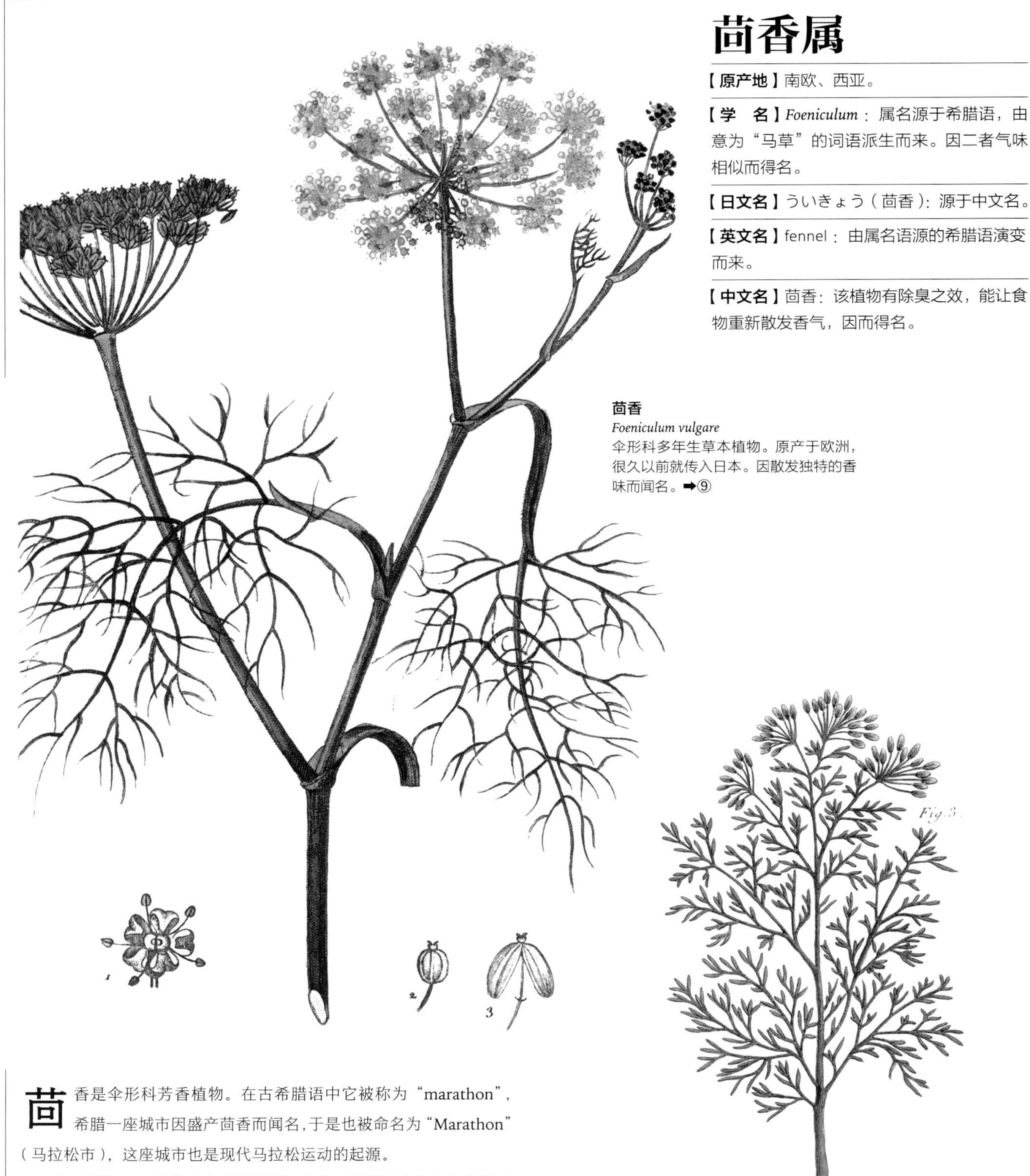

茴香
Foeniculum vulgare
伞形科多年生草本植物。原产于欧洲，很久以前就传入日本。因散发独特的香味而闻名。➡⑨

茴香是伞形科芳香植物。在古希腊语中它被称为“marathon”，希腊一座城市因盛产茴香而闻名，于是也被命名为“Marathon”（马拉松市），这座城市也是现代马拉松运动的起源。

在古罗马，它是角斗士喜爱的强精食物。西班牙斗牛士也会服用它，在战胜公牛后，还会戴上作为力量象征的茴香花环。自希腊时代起，人们就有将茴香与鱼一起煮食的习惯，他们认为茴香能中和鱼的黏液。在占星术中，它是双鱼宫的对宫处女宫的守护植物。

罗马面包师在烤面包时会将茴香的叶子铺在灶底，这样能让烤好的面包散发怡人的香气。据说，查理曼大帝十分喜欢茴香的嫩芽，在北欧掀起了种植茴香的热潮。英国和美国的教会曾有一种习俗，就是把茴香的种子含进嘴里咀嚼，以解烦闷。

其主要药效成分为茴香脑，可用作健胃剂和镇痛剂。

茴香
Foeniculum vulgare
原产于欧洲，布克霍兹称其为“简州茴香子”。有趣的是，它被当作一种中国药草，重新进口到欧洲。➡⑮

香蜂花

【原产地】欧洲南部。

【学　名】*Melissa officinalis*：属名源于该植物的古希腊名，原本指掌管蜜蜂的精灵。这种植物总是会吸引成群的蜜蜂，花形又与蜜蜂相似，因而得名。

【日文名】こうすいはっか(香水薄荷)：是香水的原料，又与薄荷是近缘，因而得名。

【英文名】lemon balm：意为“散发柠檬香气的芳香植物”。

【中文名】香蜂花。

香蜂花
Melissa officinalis
唇形科香草植物。人们将其作为香料加入酒中；加尔默罗会则用香蜂花作为原料制成“加尔默罗水”，有养心、强心之效。➡㉓

香蜂花是唇形科芳香植物，又名香水薄荷。全草含有柠檬般的芳香，是制作香水的原料。香蜂花在地中海地区已有2000多年的种植历史，英文名“lemon balm”（柠檬香脂草）中的“balm”源于传统香料“balsam”（香脂）。它自古以来就被视为养蜂植物，因此也被称为“bee balm”。阿拉伯医生最早将其用作镇静剂。后来，在17世纪初，加尔默罗会的教徒发明了一种芳香性酒精制剂，即赫赫有名的“加尔默罗水”，主要用作强心剂和提神药。

它也是“夏翠丝”（Chartreuse）和“百帝王”（Benediktiner）等修道院利口酒的成分之一。

中国四川省野生的同属蜜蜂花（*Melissa axillaris*）也被称为“鼻血草”，可用于治疗风湿、流鼻血等。

其精油的主要成分为柠檬醛和芳樟醇，此外还含有单宁酸和没食子酸等。

孜然芹

【原产地】地中海沿岸。

【学　名】*Cuminum cyminum*：属名原用来称呼一种与孜然芹类似的植物。

【日文名】くみん（kumin）：属名的日语读法。不过，人们常常把它与葛缕子（藏茴香）混淆，用葛缕子的名字称呼它。

【英文名】cumin：由属名演变而来。

【中文名】孜然芹：其种子作为香料时简称孜然。

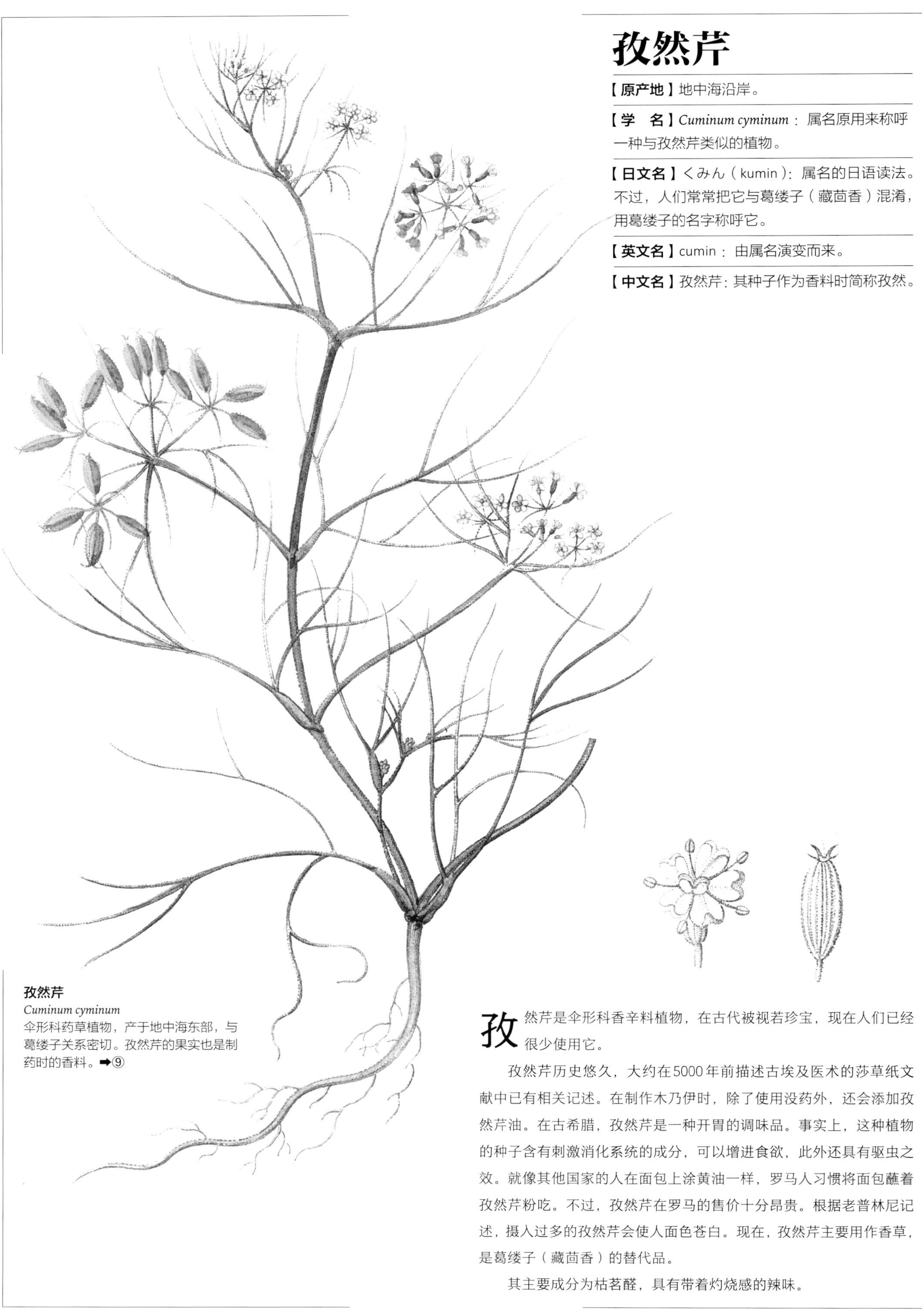

孜然芹

Cuminum cyminum

伞形科药草植物，产于地中海东部，与葛缕子关系密切。孜然芹的果实也是制药时的香料。➡⑨

孜然芹是伞形科香辛料植物，在古代被视若珍宝，现在人们已经很少使用它。

孜然芹历史悠久，大约在5000年前描述古埃及医术的莎草纸文献中已有相关记述。在制作木乃伊时，除了使用没药外，还会添加孜然芹油。在古希腊，孜然芹是一种开胃的调味品。事实上，这种植物的种子含有刺激消化系统的成分，可以增进食欲，此外还具有驱虫之效。就像其他国家的人在面包上涂黄油一样，罗马人习惯将面包蘸着孜然芹粉吃。不过，孜然芹在罗马的售价十分昂贵。根据老普林尼记述，摄入过多的孜然芹会使人面色苍白。现在，孜然芹主要用作香草，是葛缕子（藏茴香）的替代品。

其主要成分为枯茗醛，具有带着灼烧感的辣味。

神香草

【原产地】南欧、西南亚。

【学　名】*Hyssopus officinalis*：属名原为古代香料植物的名称，曾出现在《圣经》中，希波克拉底和迪奥斯科里德也都使用过该名字。但现在人们认为它可能指的是另一种植物。

【日文名】やなぎはっか（柳薄荷）：意为叶片与柳叶相似，又形似薄荷的植物。

【英文名】hyssop：由属名演变而来。

【中文名】神香草。

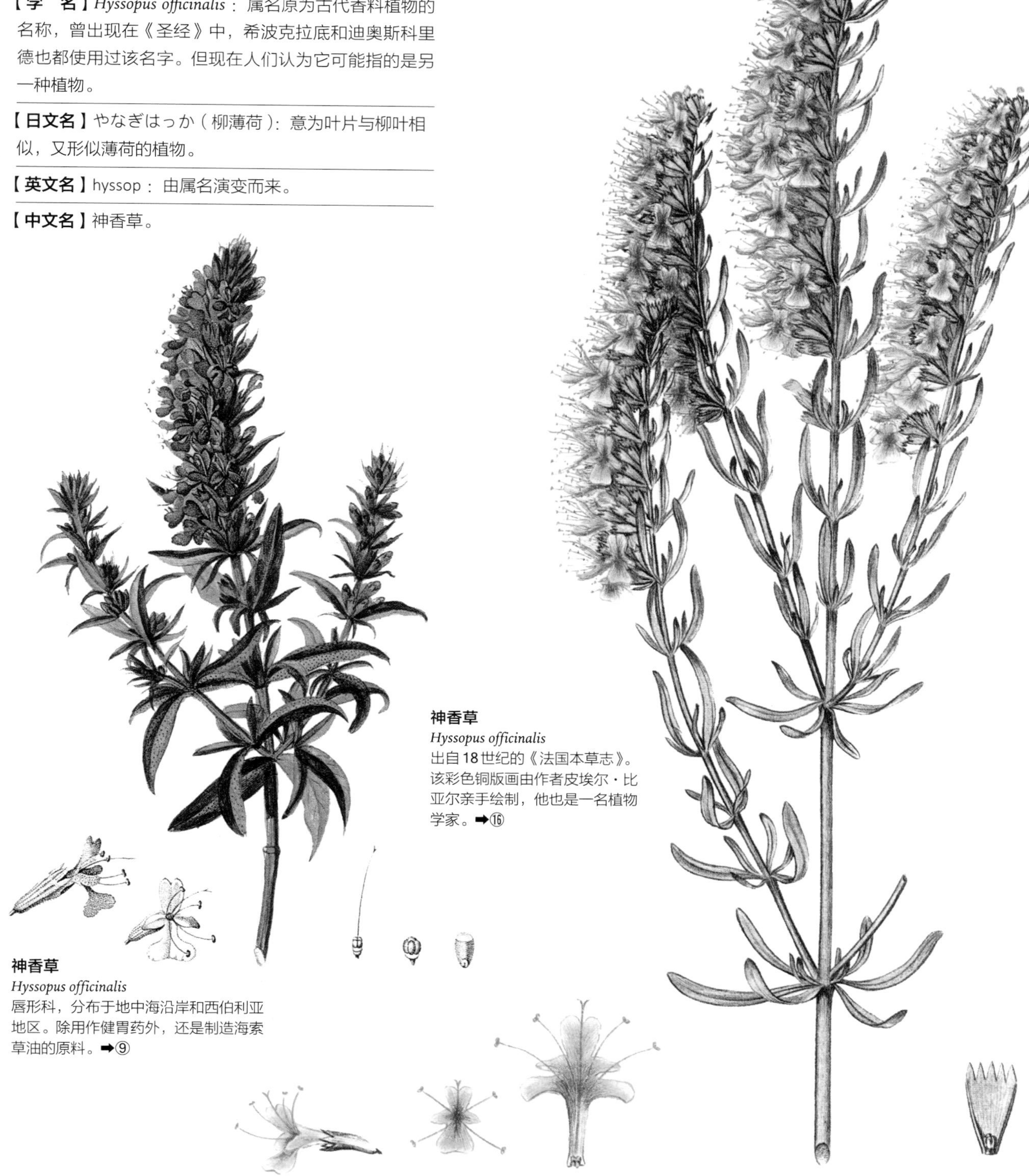

神香草
Hyssopus officinalis
出自18世纪的《法国本草志》。该彩色铜版画由作者皮埃尔・比亚尔亲手绘制，他也是一名植物学家。➡⑯

神香草
Hyssopus officinalis
唇形科，分布于地中海沿岸和西伯利亚地区。除用作健胃药外，还是制造海索草油的原料。➡⑨

神香草是唇形科植物，原产于欧洲南部。古希腊人视其为圣物，因为它经常被用于清洁圣地，如铺在教会的地板上净化空气等。《圣经》中它被称为“牛膝草”：“求你用牛膝草洁净我，我就干净；求你洗涤我，我就比雪更白。”不过据推测，这里所说的牛膝草实际上是另一种香草，如马郁兰。

其药用部分为花蒂，以水从中提取精华，用作祛痰剂。它还可外用治疗风湿病，或作为香草饮品内服。此外，直到19世纪，人们还在使用神香草泡澡，但这种习惯现在已经消失。英国东部的人们把神香草称为“迷迭香”，将其挂在室内驱邪避凶。在伊丽莎白时代，人们将神香草与灯心草混合后铺在地板上，或是在叶子上撒上金粉作为首饰。在烹饪中它被用来做汤。

现在，神香草精油主要用作祛痰剂和补药。

欧白芷

【原产地】阿尔卑斯地区。

【学　名】*Angelica archangelica*：属名源于希腊语，意为“天使”。因为它像天使一样治愈病人，又被当作媚药使用，人们还认为它能让死者复生。因而得名。

【日文名】あんぜりか（anzerika）、あんげりか（angerika）：均为属名的日语读法。

【英文名】angelica：属名的英语读法。

【中文名】当归：与同属别种的中药当归属名相同。

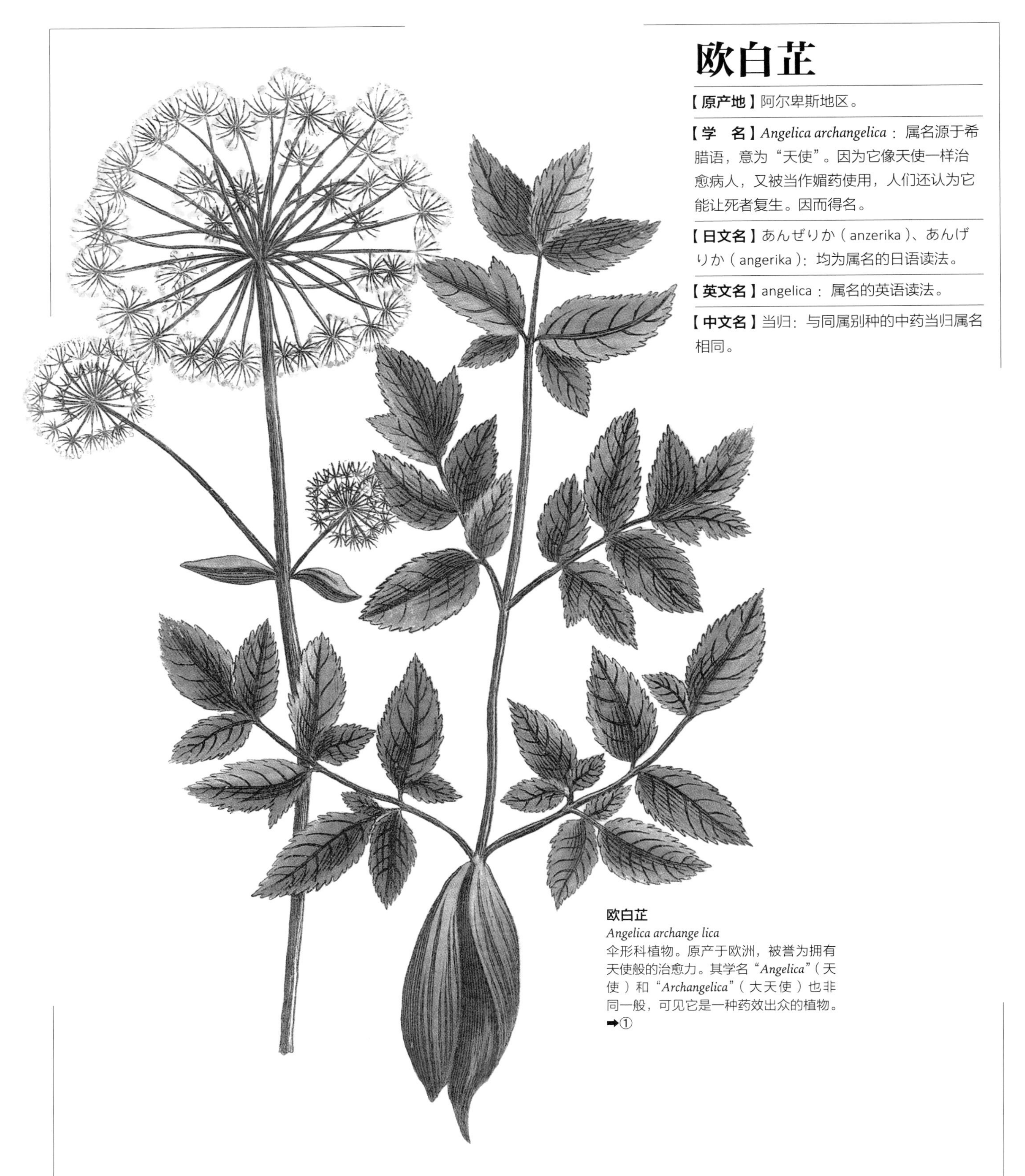

欧白芷
Angelica archange lica
伞形科植物。原产于欧洲，被誉为拥有天使般的治愈力。其学名“*Angelica*”（天使）和“*Archangelica*”（大天使）也非同一般，可见它是一种药效出众的植物。
➡①

欧白芷的嫩茎糖渍后可用于制作蛋糕。不过，日本人所说的欧白芷其实大多是它的替代品蜂斗菜（*Petasites japonicus*）。

在东欧，每到初夏，卖欧白芷的人就会来到城镇，他们会念诵一种古老的咒语，这种咒语产生于基督教还未出现的时代，貌似与异教节日有关。在基督教中，欧白芷的故事通常与大天使米迦勒联系在一起，并与春天的圣母领报节有关。另外，为了防治瘟疫，天使还会拿着它出现在人们的梦中。现在，欧洲人用欧白芷的茎和根制作沙拉。欧白芷的叶子可以制成糖浆，种子用于给“味美思酒”（Vermouth）和“夏翠丝”（Chartreuse）等利口酒增味。添加了欧白芷叶子的香草饮料可用作镇静剂、感冒药和风湿病药，但糖尿病患者不宜服用。

其干燥的根部被称为欧白芷根，含有欧白芷素等精油，主要用作镇静剂和健胃剂。

葛缕子属

【原产地】欧洲

【学　名】*Carum*：属名源于希腊语，意为“头”，据说因其花序或果实的形态而得名。

【日文名】ひめういきょう（姬茴香）：意为小小的茴香。きゃらうぇー（kyarauee）：英文名的日语读法。

【英文名】caraway：属名源于希腊名，意为“头”。经阿拉伯和法国，词汇变形后传入希腊。

【中文名】黄蒿：其根和果实为黄色，“蒿”指蒿草。

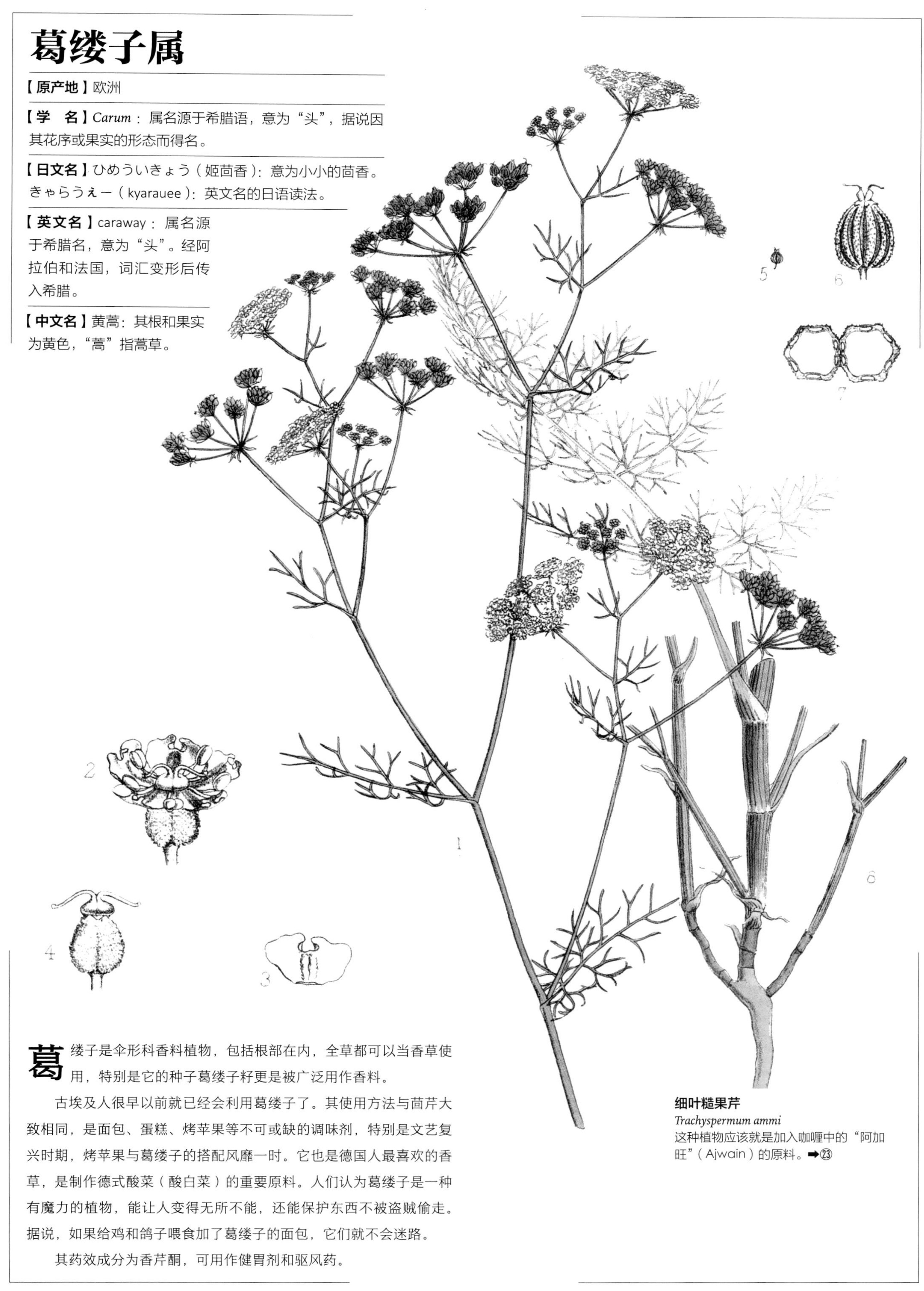

细叶糙果芹
Trachyspermum ammi
这种植物应该就是加入咖喱中的“阿加旺”（Ajwain）的原料。➡㉓

葛缕子是伞形科香料植物，包括根部在内，全草都可以当香草使用，特别是它的种子葛缕子籽更是被广泛用作香料。

古埃及人很早以前就已经会利用葛缕子了。其使用方法与茴芹大致相同，是面包、蛋糕、烤苹果等不可或缺的调味剂，特别是文艺复兴时期，烤苹果与葛缕子的搭配风靡一时。它也是德国人最喜欢的香草，是制作德式酸菜（酸白菜）的重要原料。人们认为葛缕子是一种有魔力的植物，能让人变得无所不能，还能保护东西不被盗贼偷走。据说，如果给鸡和鸽子喂食加了葛缕子的面包，它们就不会迷路。

其药效成分为香芹酮，可用作健胃剂和驱风药。

雪维菜

【原产地】欧洲中东部地区、西亚。

【学　名】*Anthriscus cerefolium*：属名源于另一种伞形科植物的希腊名。

【日文名】ちゃーびる（chaabiru）：英文名的日语读法。

【英文名】chervil：源于希腊语，意为“用于祝福的叶子”。

【中文名】雪维菜。

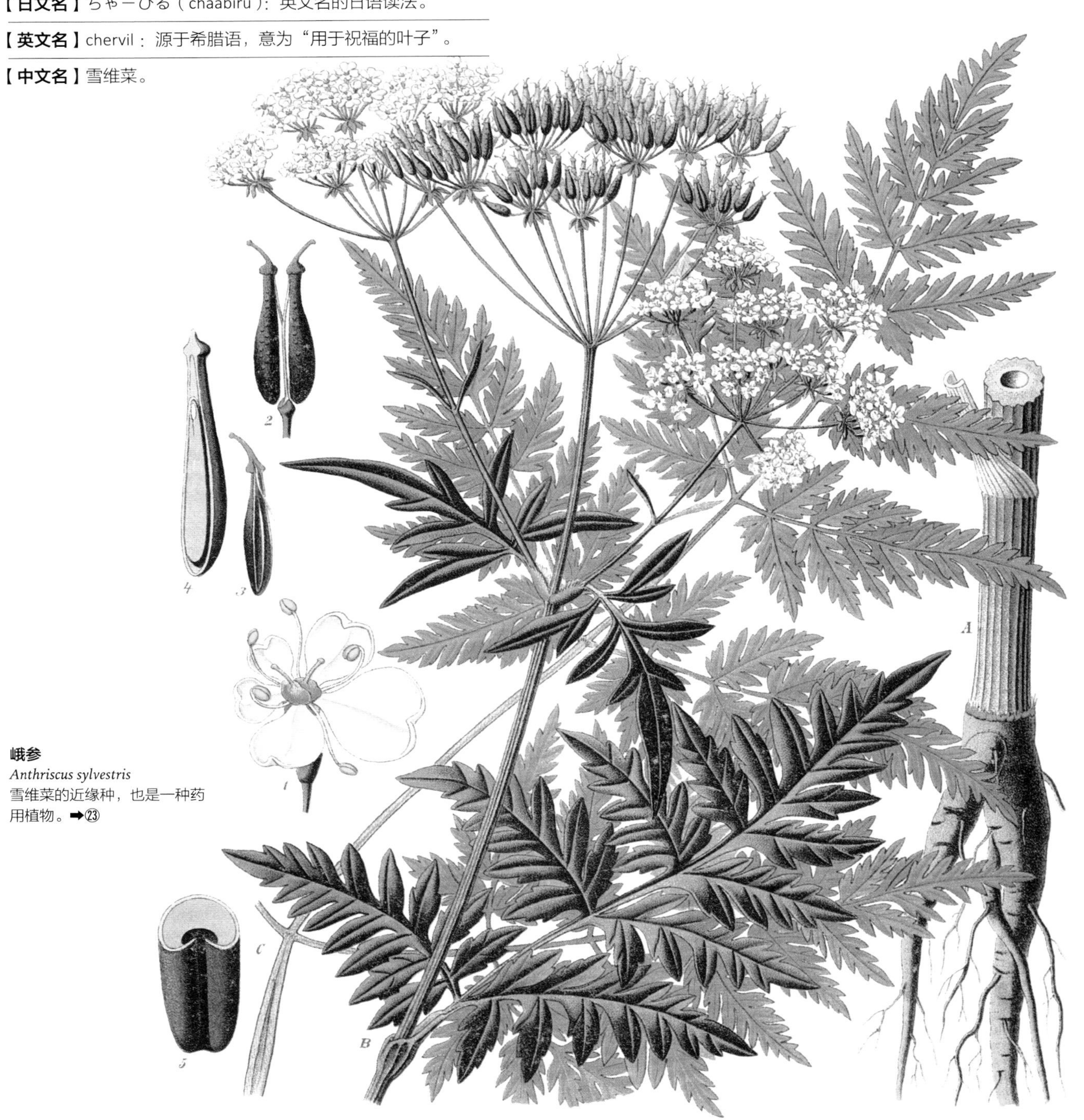

峨参
Anthriscus sylvestris
雪维菜的近缘种，也是一种药用植物。➡㉓

雪维菜是一种芳香植物，在法国菜餐厅被称为“Cerfeuil”。它是欧芹的近缘种，但香气更清幽。

雪维菜被罗马人引入英国，并为盎格鲁-撒克逊人继续利用。在英国，它是早春时节最先大量上市的香草。人们一直认为雪维菜具有净血之效，其汁液曾经被用作化妆水。它的药用价值也受到认可，对黄疸、痛风和慢性皮肤病有疗效。

另外，人们相信雪维菜的种子能够幻化出未来和过去的景象，因此被视为女巫药柜中的常备药材。现在，雪维菜常被用于制作沙拉、蛋包饭等菜肴。尤其是在法国，人们将雪维菜与龙蒿、北葱和欧芹一起切碎，或直接用于调味，或扎成卤料包用于炖煮。

时至今日，雪维菜仍被用作利尿剂。

胡卢巴属

【原产地】地中海沿岸、南非、澳大利亚。

【学　名】*Trigonella*：属名源于希腊语，意为“三角形”，因其开花时呈三角形而得名。

【日文名】ころは（胡芦巴）：源于中文名。

【英文名】fenugreek：源于拉丁语，意为“希腊的牧草”。

【中文名】胡卢巴。

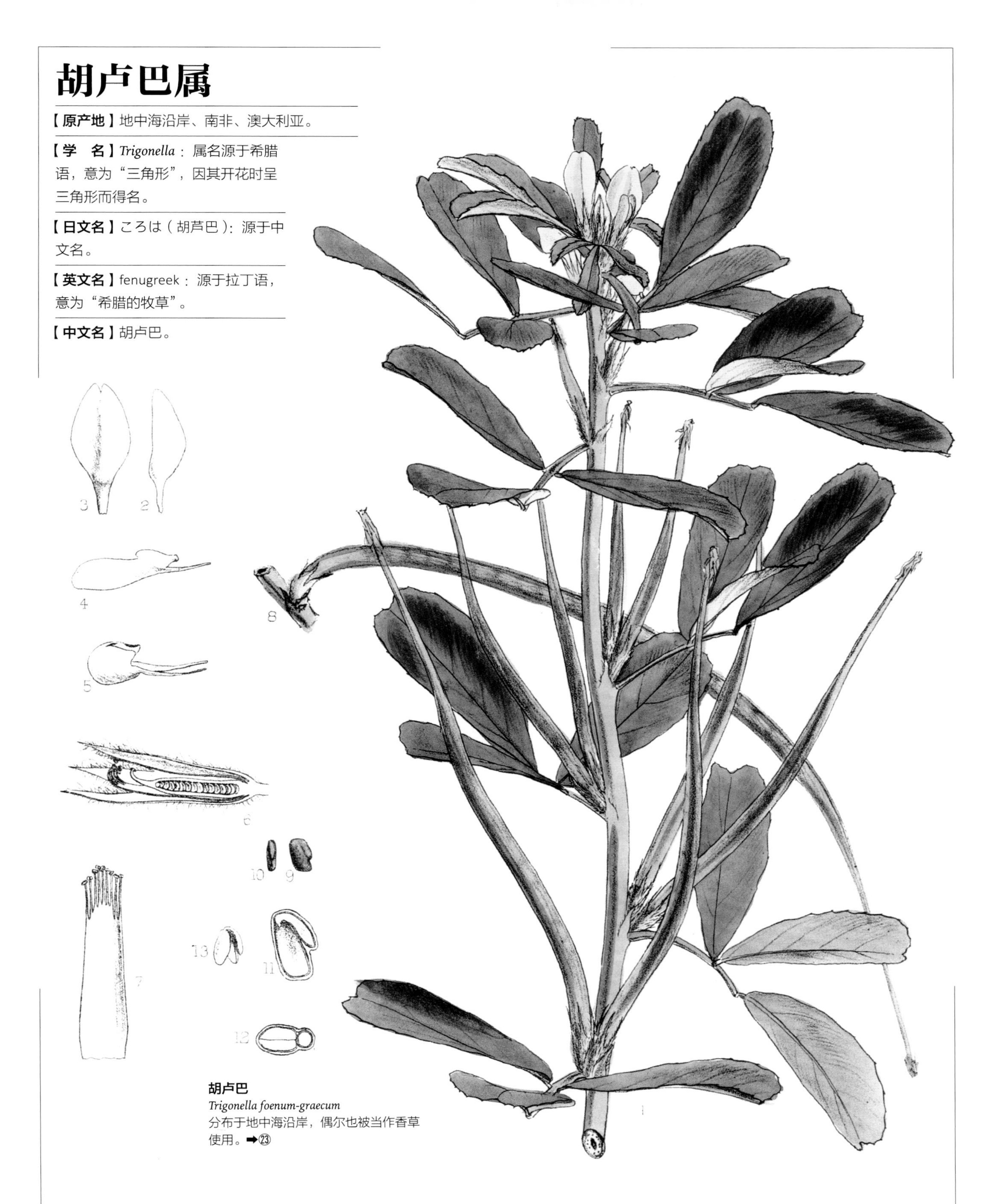

胡卢巴
Trigonella foenum-graecum
分布于地中海沿岸，偶尔也被当作香草使用。➡㉓

从古罗马时代到19世纪，这种香草在欧洲一直被广泛地用作药材。过去，人们将它和椰枣、蜂蜜一起煎煮，用于治疗胸部疾病。人们还认为它对月经不调有疗效。香草爱好者将它的种子制成胡卢巴茶，用于治疗咽喉痛和解热。此外，胡卢巴在过去也只是印度咖喱和以色列的犹太食品哈尔瓦酥糖的原材料，但近年来随着药草种植热潮的来临，它重新回到人们的视线中。在工业上，它被用作仿枫糖浆的调味材料。

胡卢巴种子的药效成分为胡卢巴碱、胆碱等，在中国被用作补药。

芸香

【原产地】南欧。

【学　名】*Ruta graveolens*：关于该属名的语源有多种说法，尚无定论。不过，“Ruta”自古以来指代的就是这种植物。

【日文名】へんるーだ（henruuda）：由荷兰语“wijnruit”演变而来。不过，“wijnruit”曾经指代的是现在的叙利亚芸香（Ruta chalepensis）。

【英文名】rue：由属名演变而来。

【中文名】芸香：这里的“芸”不是“藝”的简体字，而是另外一个字。

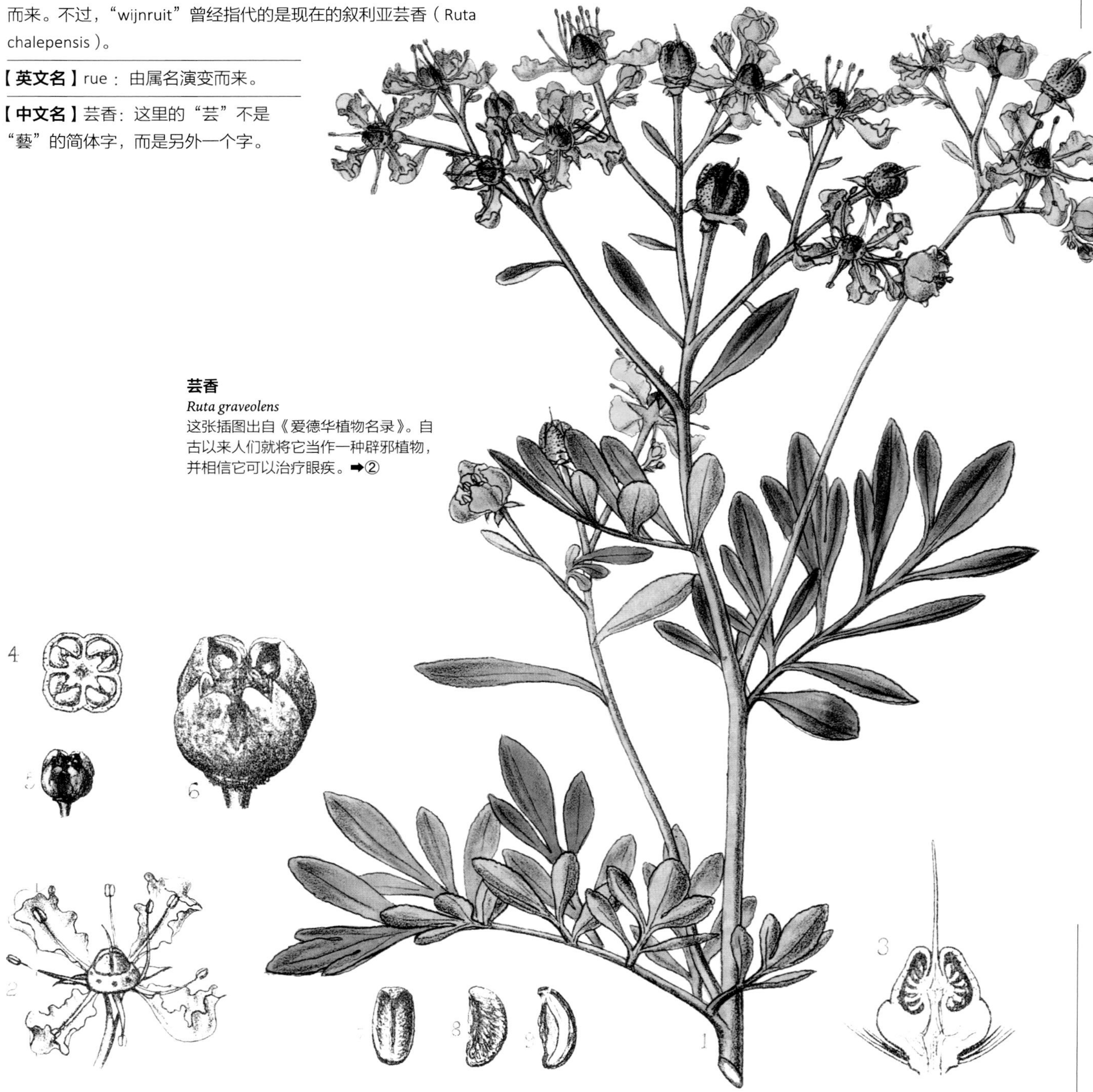

芸香
Ruta graveolens
这张插图出自《爱德华植物名录》。自古以来人们就将它当作一种辟邪植物，并相信它可以治疗眼疾。➡②

自古罗马时代起，芸香就被视为一种驱魔避邪的植物，意大利农民至今会佩戴它的叶子，据说这样就能识破魔女。

根据老普林尼《博物志》的记述，煎煮芸香喝下后可以有效治疗眼疾和弱视，因此受到雕刻家和画家的喜爱。人们还认为芸香可以解蛇毒、蝎毒等剧毒。相传公元前2世纪，本都国王米特拉达梯六世为防遭人毒杀，每餐过后服用包括芸香在内的草药，逐渐变得百毒不侵。到了中世纪，芸香成为魔女施咒时使用的植物，同时被认为有防范邪恶力量的作用，特别是对女子而言，它可以抵御男人的诱惑。

在英国女王伊丽莎白一世统治时期，人们相信它浓烈的气味可以抑制瘟疫，所以将它撒在房间里或挂在家宅入口处。据说，黄鼠狼能咬死毒蛇就是因为它们吃了芸香，还有说法称从别处偷来的芸香长势更好。

茴芹属

【原产地】地中海沿岸东部、中东。

【学　名】*Pimpinella*：属名源于拉丁语，意为“一双小小的翅膀”。因其叶片二回分裂而得名。

【日文名】あにす（anisu）：英文名的日语读法。

【英文名】anise：源于指代茴芹或莳萝的古拉丁名。

【中文名】茴芹。

茴芹
Pimpinella anisum
货真价实的茴芹。伞形科，广泛分布于亚洲和欧洲地区，从其果实中可提炼精油。
➡⑨

八角
Illicium verum
“八角”如其名，果实呈八角形。属木兰科，在植物学上和真正的茴芹完全不同，但二者都含有一种气味相似的精油。是日本俗称的“香”的原料。➡⑨

茴芹是伞形科芳香植物，自古埃及时代就已为人所知。在公元1至2世纪，人们有时会用薄荷、孜然及茴芹来支付税款。罗马人会食用一种含有茴芹籽的蛋糕作为餐后甜点，因为人们认为茴芹具有清除肠道气体的功效。这种蛋糕通常在婚宴结束时被端上餐桌，这一习俗后传至英国，英国人至今还会在婚礼上食用加了茴芹的水果蛋糕。罗马人之所以看上了托斯卡纳的大片土地，就是为了种植茴芹。德国人也常在烘焙食品中添加茴芹。

在现代的地中海国家，茴芹主要作为利口酒的原料。茴芹籽和叶子还可用于煲汤和炖菜，也是牙膏中的重要芳香剂。另外，茴芹还是一种寓意着救赎的香草，人们用它驱邪护身。

其主要药效成分为茴芹酮，在欧洲民间被用于催乳。

姜黄属

【原产地】印度。

【学　名】*Curcuma*：属名源于阿拉伯语，意为“黄色”。从其根茎能提取黄色染料，也能用于制作香辛料，因而得名。

【日文名】うこん（鬱金）。

【英文名】turmeric：源于拉丁俗语中意为“有价值的土地”的词语，经误传后演变为英语。过去也曾是番红花的别名。

【中文名】郁金。

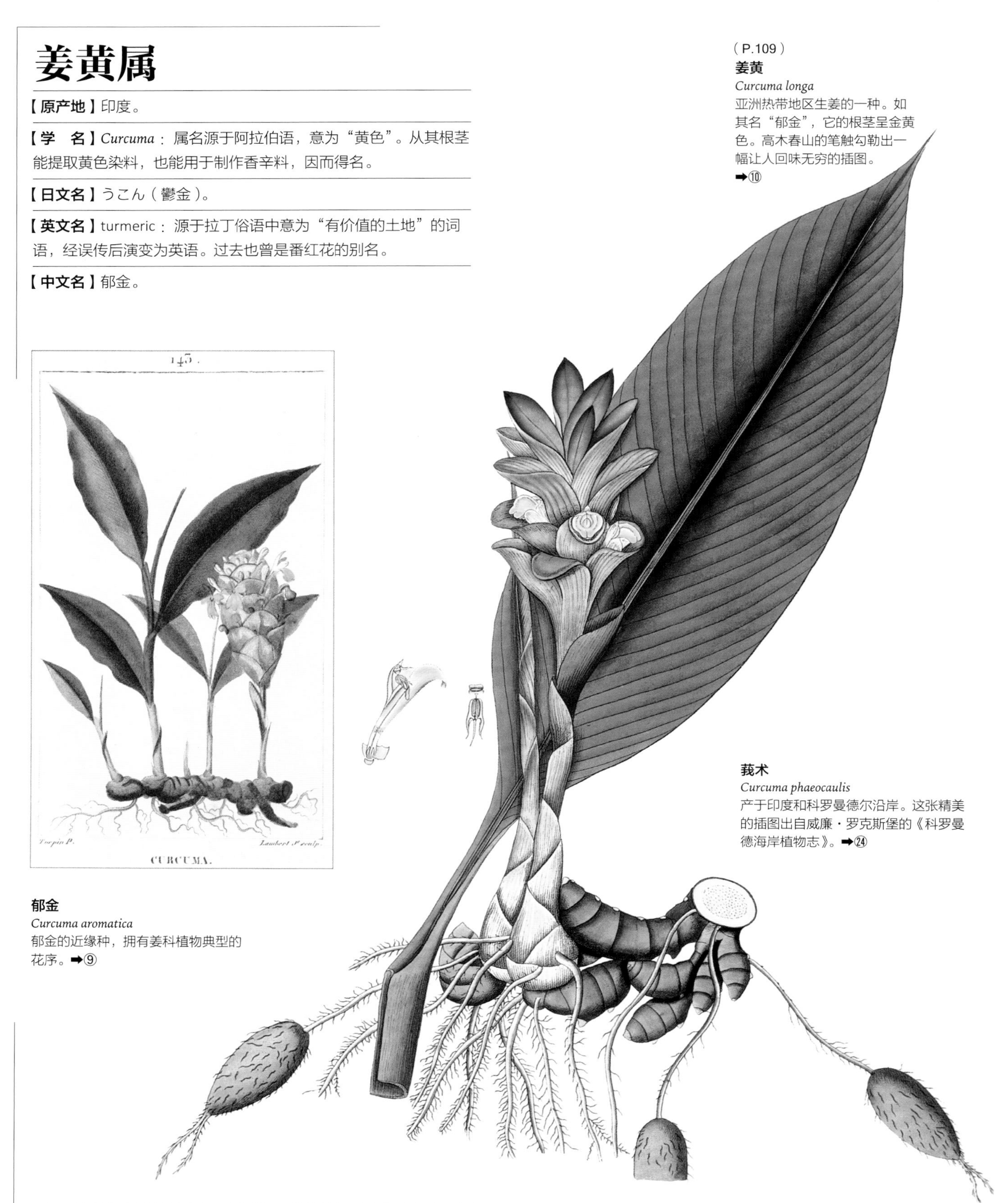

（P.109）
姜黄
Curcuma longa
亚洲热带地区生姜的一种。如其名“郁金”，它的根茎呈金黄色。高木春山的笔触勾勒出一幅让人回味无穷的插图。
➡⑩

郁金
Curcuma aromatica
郁金的近缘种，拥有姜科植物典型的花序。➡⑨

莪术
Curcuma phaeocaulis
产于印度和科罗曼德尔沿岸。这张精美的插图出自威廉·罗克斯堡的《科罗曼德海岸植物志》。➡㉔

咖喱料理之所以呈黄色，是因为用姜黄根部制成的香辛料是黄色的。肉桂、丁香、九里香等香辛料可以根据喜好任意搭配，但姜黄约占咖喱粉的24%，和辣椒一样，是咖喱块不可或缺的香辛料成分。不过，就用量而言，芫荽籽的用量通常多于姜黄。

在南亚，姜黄是一种重要的黄色染料，在最早的合成化学染料苯胺发明之前，欧洲人一直将它用作染料。在印度，生长迅速、根部呈亮黄色的姜黄被认为是大地生命力的象征，印度教的宗教仪式里也用它祈愿丰收。姜黄在公元7世纪前传入中国，中医将其用作排污血和健胃的药物。

其色素成分为姜黄素，还含有一种由姜黄酮等物质构成的精油，主要用于治疗肝病。

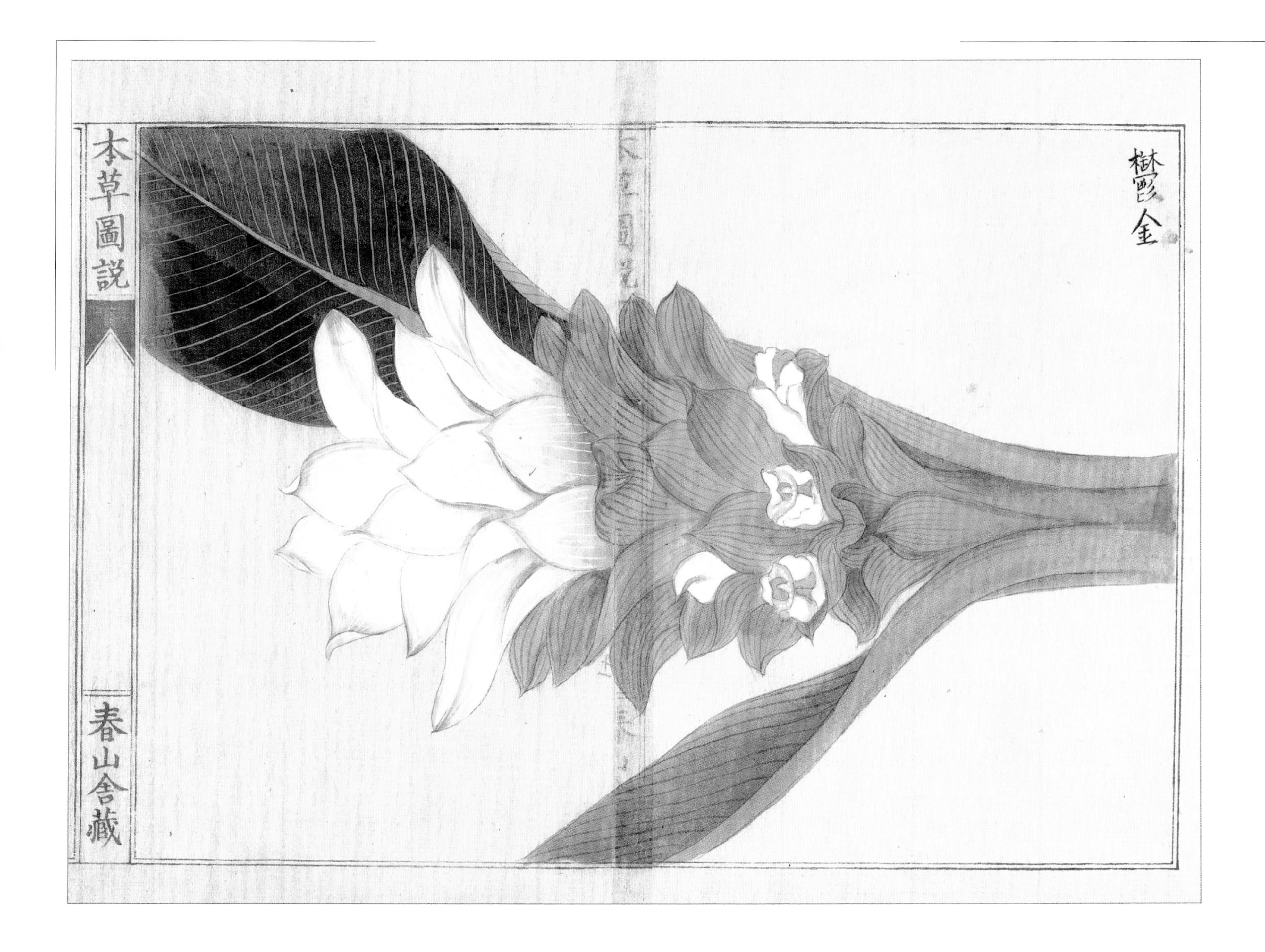
本草圖說
春山舍藏
鬱金

芫荽

【原产地】地中海沿岸东部。

【学　名】*Coriandrum sativum*：属名在古希腊语中指某种药草。由“臭虫”“茴芹”两词合并而成，因其有刺激性气味而得名。

【日文名】こえんどろ（goendoro）：由葡萄牙名“coentro”演变而来。

【英文名】coriader：由属名演变而来。

【中文名】芫荽。

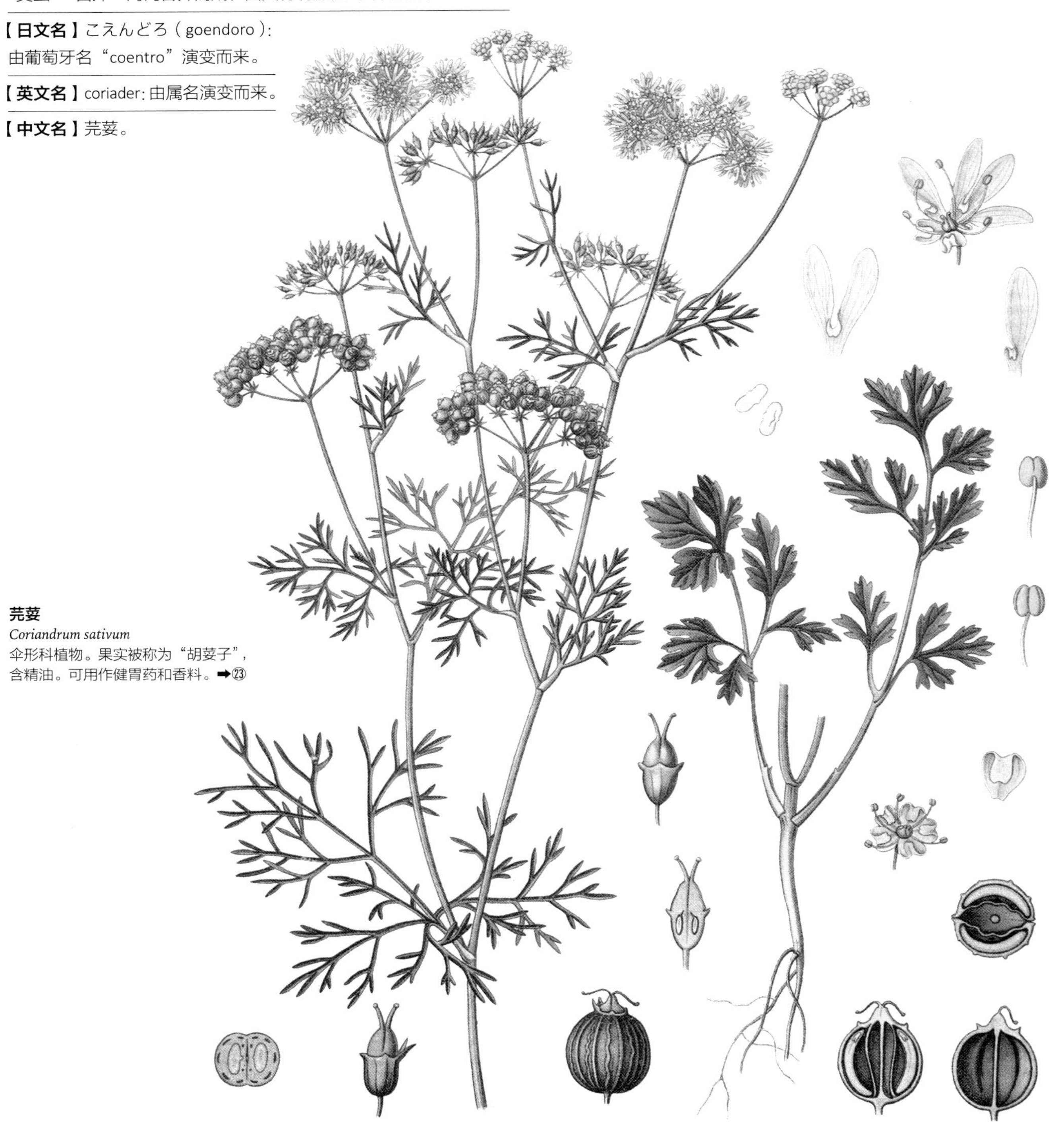

芫荽
Coriandrum sativum
伞形科植物。果实被称为“胡荽子”，含精油。可用作健胃药和香料。➡㉓

芫荽是伞形科芳香植物，被认为是历史上人类最早使用的香辛料。公元前16世纪，芫荽在埃及就已被用作药物。它还见载于《圣经·旧约》和古印度文学。作为印度咖喱的主要成分，它与提供辣味的辣椒和着色剂姜黄同为不可或缺的香辛料。

北欧人将芫荽籽揉进制作面包的生面团中。它还用来为利口酒增调香味。在英国，它被用作家畜的药物；而英国的草药书记载它在中国被视为长生不老药。

在新大陆，秘鲁人喜欢这种香辛料的味道和香气，无论做什么菜都会用到它。

其做药用的种子的主要成分为D-芳樟醇。英国药品和健康产品管理局将其列为健胃剂，但现在只用于消除药物中的苦味。

出自《阿普列乌斯·柏拉图尼
中世纪欧洲的本草典籍，制作
左右，在迪奥斯科里德的抄本
本著作一直是西方世界的权
中右下的半人马手中拿的是
（Centaurium）的圣草。

油棕

【原产地】西非。

【学　名】*Elaeis guineensis*：属名源于希腊语，原用于指代橄榄树。正如从橄榄树中可以提取油一样，这种植物的果实也能榨油，因而得名。

【日文名】あぶらやし（油椰子）：意为可以榨油的椰子，“椰子”源于中文名。

【英文名】african oil palm：意为“非洲的油椰子”。

【中文名】油椰：参照日文名一项。

油椰
Elaeis guineensis
自古以来，只有在描绘椰子树的插图中会一并出现人物形象或背景画面。可见椰子树在人类生活和景观中发挥着多么重要的作用。其也是制备椰子酒的原料。
➡㉒

油椰是一种原产于西非的棕榈树，整个东南亚都有种植。

在西非的热带雨林地区，椰子树汁被用于酿造一种名为“艾姆”的椰子酒。椰子酒在西非人的宗教生活中扮演着重要角色。至于椰子酒的宗教意义，可以在尼日利亚作家阿摩斯·图图欧拉的小说《棕榈酒鬼》（*The Palm-Wine Drinkard*）中找到答案。书里主人公的职业是品尝椰子酒。然而，由于酿造椰子酒的人去世，他失去了工作。为了寻找酿酒师，主人公去到地府，在地府发生了许多故事。

19 世纪中叶，荷兰人将油椰树引入东南亚，他们在当地种植园种植油椰树、榨取油椰油。油椰油被用于制作人造黄油、肥皂和防锈油。

椰子属

【原产地】旧世界热带地区。

【学　名】*Cocos*：属名源于葡萄牙语“coco”，意为“猴子”。椰壳底部有三个凹口，酷似猴脸，因而得名。

【日文名】ここやし（kokoyashi）：“koko”源于属名“Cocos”或英文名“coconut”，“椰子”源于中文名。

【英文名】coconut palm：意为“能结出椰果的棕榈树”。

【中文名】椰子：也泛指所有椰子类。

串穗女王椰子
Syagrus botryophora
一幅精美绝伦的插图，但有些难以辨认，就其花房形状来看并不像椰子。➡㉒

世界各地的热带地区自古以来就种有椰子树。其果实有多种用途，从半成熟的果实胚乳中可提取出液态的椰汁，提取自脂肪层的椰奶可做调味添加剂。脂肪层被剥离晒干后可制成椰干，椰干可用于制作人造黄油、肥皂、蜡烛、炸药等。

椰子发芽后，椰汁会变成果冻状，可以食用。切开花房，从切口渗出的甜树汁也能饮用，发酵后可以制成椰子酒。这种椰子酒在斯里兰卡和马来西亚被称为“托迪酒”，是密克罗尼西亚地区最具代表性的酒精饮料，被用于各种宗教仪式。

从椰子树中提取的椰子油在东南亚地区曾被广泛用于食品制作，但现在已被提取自油椰树的油椰油所取代。

槟榔属

【原产地】东南亚。

【学　名】*Areca*：属名源于印度西南海岸的马拉巴尔地区的古名“Areec”，意为“古树”。也有说法称其源于马拉雅拉姆语。

【日文名】びんろう（檳榔）：源于中文名。

【英文名】betelnut palm：“betel”是印度等地人爱吃的“蒌叶”，人们将它的叶片蒌叶包着槟榔的种子一起嚼食。

【中文名】槟榔。

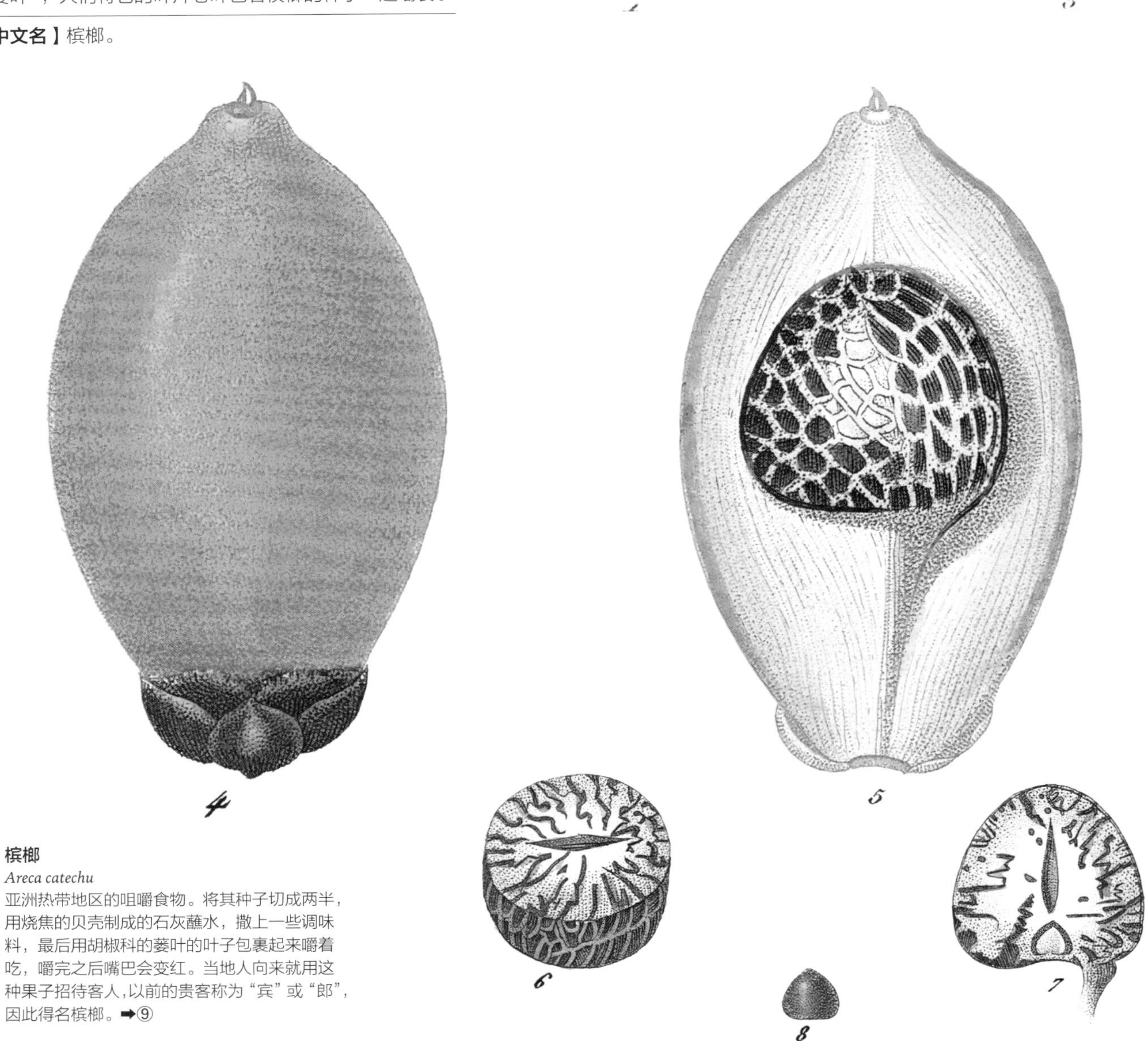

槟榔

Areca catechu

亚洲热带地区的咀嚼食物。将其种子切成两半，用烧焦的贝壳制成的石灰蘸水，撒上一些调味料，最后用胡椒科的蒌叶的叶子包裹起来嚼着吃，嚼完之后嘴巴会变红。当地人向来就用这种果子招待客人，以前的贵客称为“宾”或“郎”，因此得名槟榔。➡⑨

槟榔是棕榈科植物中的重要成员，它与整个东南亚文化相映成趣。中国自古以来就拿它入药。

公元5世纪，中国文献首次提到槟榔的种子“槟榔子”，并认为它是当时广州的特产。槟榔于奈良时代传入日本，根据10世纪时日本最古老的医学书籍《医心房》记载，它被用于治疗各种感冒，也可用作口腔和衣服的芳香剂，还能治疗脚气。另外，槟榔的花也能用作芳香剂和健胃剂。

在马来西亚、印度和东南亚大部分地区，人们习惯将槟榔的种子敲开，再用涂有灰浆的蒌叶的叶子包裹后咀嚼（槟榔口香糖）。槟榔自身含有致幻、麻醉的成分，咀嚼槟榔会使人精神振奋，但长期咀嚼会导致口唇发红。特别是在越南，嚼槟榔也是一种重要的礼仪，可以增进友谊和男女关系。

槟榔种子的主要成分包括槟榔碱等生物碱，中医将其用作助消化药和驱虫剂。

槟榔

Areca catechu

属名“*Areca*”也是黄槟榔（*Areca flavescens*）的缩写，是别属的黄椰子在园艺领域的称呼，这一点需要注意区分。➡⑨

月桂

【原产地】地中海沿岸、加那利群岛。

【学　名】*Laurus nobilis*：属名来自拉丁名。语源为凯尔特语，意为“绿色”。

【日文名】げっけいじゅ（月桂樹）：源于中文名。

【英文名】bay laurel, bay tree：“bay”在拉丁语中意为“果实、种子”，“laurel”由属名演变而来。

【中文名】月桂：原指生长在月亮上的桂树，后来演变成指代这种植物。

月桂
Laurus nobilis
地中海地区的圣树。它是许多神圣传说中的重要象征，如嚼了它的叶子就能获得预言能力等。它也给诗人们提供灵感。“月桂冠”是这种植物的象征。➡⑨

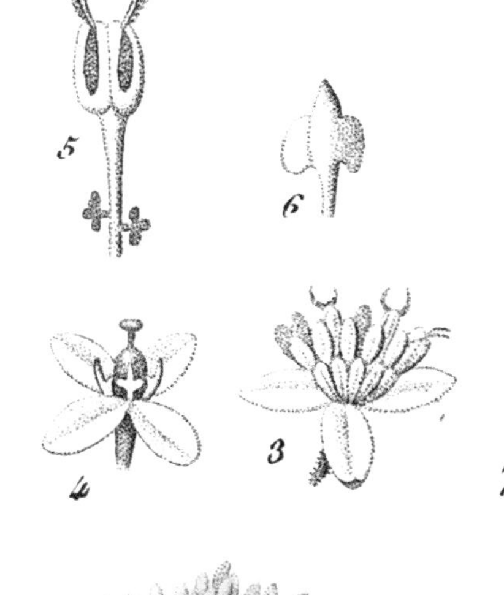

月桂是地中海地区的神圣植物。希腊神话中，阿波罗被爱神的金箭射中，陷入爱河的他对达芙妮展开疯狂的追求。为了守护自己的纯洁，达芙妮化身为月桂树。因此，月桂被视为“阿波罗之树”，而阿波罗是箭术与诗歌之神，向胜利者和诗人赠送月桂冠的习俗也由此开始。

罗马人认为月桂树可治百病，因此年轻的学徒医生都会戴上月桂头冠。人们还认为月桂树具有净化作用，可以驱除落雷等厄运。据说，罗马皇帝尼禄为了在瘟疫流行时避难，搬到一片月桂树林中以保健康。另外，因为其树叶具有麻醉作用，德尔斐的女先知们便通过咀嚼这种树叶来培养自己的预言能力，诗人们也从中获取灵感，将其奉为圣树。

月桂树叶是炖菜中使用的重要香料，其中所含精油的主要成分为桉叶油醇。果实可用作苦味健胃剂和抗风湿药。

没药树属

【原产地】非洲东北部和印度。

【学　名】*Commiphora*：属名源于希腊语，意为“能产生树脂的树”。

【日文名】もつやくじゅ（没薬樹）：源于中文名，再加上“树”字。

【英文名】myrrh tree：“myrrh”是古代中东地区的词汇，指没药。日语中“木乃伊”一词便由该词派生而来。

【中文名】没药：其意或为没入水中的药。

没药
Commiphora myrrha
这种植物的刺向外延展，看上去仿佛有驱邪的能力。➡㉓

没药又称“密耳拉”（myrrha），古埃及人用它制作木乃伊。从这种植物中能提取出香辛料，日语中“木乃伊”一词就是葡萄牙贸易期间这种香辛料被误传后的叫法。

希腊神话中，塞浦路斯国王喀倪剌斯的女儿密耳拉被阿佛洛狄忒施下诅咒，受到唆使的她与父亲交媾，并生下了儿子阿多尼斯。喀倪剌斯最终发现自己的爱人竟是女儿密耳拉，暴怒之下要处决密耳拉。密耳拉试图逃离父亲的怒火，便化身为没药树。据说，从密耳拉的泪水中幻化出了没药。

没药原本是宗教仪式中使用的贵重药物，犹太人将其混入一种圣油浇在祭司头上。

《圣经》中也提到，没药是基督诞生时东方三贤士带来的贡品之一，并将没药比喻为治愈疾病的救世主和医生的基督。

其药效成分为没药酸，现在只用于治疗口腔炎症。

乳香树属

【原产地】阿拉伯半岛。

【学　名】*Boswellia*：属名源于18世纪著名的医生詹姆斯·鲍斯韦尔（James Boswell）的名字。

【日文名】にゅうこうじゅ（乳香樹）：源于中文名，再加上“树”字。

【英文名】bible frankincense：意为“《圣经》中出现的法兰克人的香料”。

【中文名】乳香：做香料的树脂如乳白色的牛奶一般，因而得名。

阿拉伯乳香树
Boswellia sacra
十分珍贵的插图，出自布克霍兹之手。上图所示为“乳香”，左下为“鸡舌香”，右下为“熏陆香”，均被用作香料。
➡⑮

从这种树上可以提取名为乳香的焚香料。日本人对乳香并不熟悉，但它在古代东西方都是一种重要的香料。

乳香是由乳香树脂干燥凝固后加工制成的，燃烧后可做香料。早在公元前25世纪，古埃及等东方国度就已经将乳香用于祭祀仪式，也将其作为献给神灵的祭品。据说其起源可以追溯到阿拉伯西南部的古代文明。老普林尼曾说，乳香树只生长在阿拉伯半岛西南部和对岸的索马里半岛上。

据《圣经》记载，基督诞生时，东方三贤士带来的贡品分别是黄金、乳香和没药。其中，乳香象征着献给神灵的贡品。

在中国，乳香最早见于公元8世纪的文献。在11世纪的宋朝，乳香被视为仅次于沉香的重要香料，是很受欢迎的消费品。

苏合香

【原产地】小亚细亚。

【学　名】*Liquidambar orientalis*：属名源于拉丁语，意为“液体琥珀”。因从其树皮内部提取的芳香树脂而得名。

【日文名】そごうこうのき（蘇合香の木）：源于中文名。

【英文名】oriental sweet gun：意为“东洋的甜树脂”。

【中文名】苏合香。

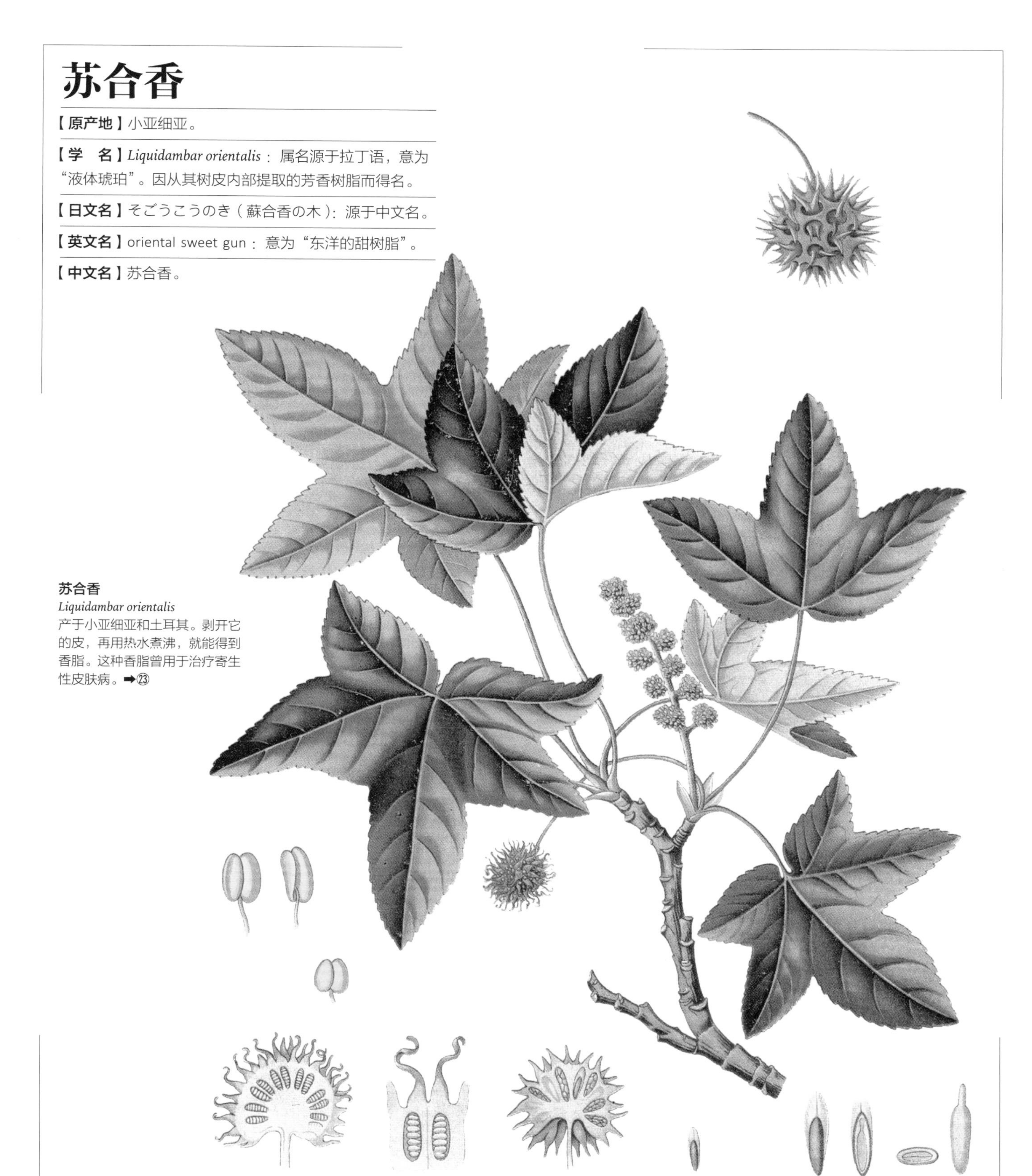

苏合香
Liquidambar orientalis
产于小亚细亚和土耳其。剥开它的皮，再用热水煮沸，就能得到香脂。这种香脂曾用于治疗寄生性皮肤病。➡㉓

苏合香是原产于西南亚的香料植物。从这种树中提取的树脂可用作化妆品原料和药物原材料。提取过程如下：首先需要捶打树干，这么做是为了刺激树脂分泌，让其积聚在树皮下。然后剥下树皮，用沸水提取香脂。苏合香脂具有祛痰功效，在中医里用于缓解疲劳，治疗寄生虫性皮肤病、皮肤感染、割伤、腹水等。现在几乎只用作香料。

在古代，被称为“苏合香”的另有所指——从黏脂安息香的近缘南欧安息香（*Styrax officinalis*）的树脂中提炼出来的香料。根据希罗多德的记述，这种焚香料主要用于驱逐聚拢在乳香树上的蛇。由于树脂被过度采集，这种树现在已经变成一种不产香料的普通灌木。

其树脂的主要成分为肉桂酸和苏合香烯。

花楸属

【原产地】北半球温带。

【学　名】*Sorbus*：属名源于该植物的拉丁名。语源为凯尔特语，意为“有涩味的”。因其果实有涩味而得名。

【日文名】。ななかまど（七竈）：其木材坚硬，即使放进灶里烧七次也烧不烂，因而得名。

【英文名】mountain-ash：意为“山中的日本白蜡树”。rowan：源于北欧语。

【中文名】花楸：意为开花的楸（树）。

北欧花楸
Sorbus aucuparia
蔷薇科落叶乔木，在北欧自古以来就被视为神圣的树木。➡⑧

在北欧，花楸被尊为“生命之树”，其英文名“rowan”一词源自北欧语“rown”（辟邪）。

在北欧神话中，雷神托尔渡河时借助的就是花楸木。苏格兰人将花楸木板嵌入船体，以防船只受水患。德鲁伊教将花楸尊为圣树，认为它有召唤春天到来的力量。在祈祷战争胜利时，人们会在祭坛上焚烧这种树。此外，还有一些民间习俗，比如把用花楸木做成的十字架放在烟囱上避雷，以及将十字架系在奶牛尾巴上，以祈求增加产奶量。它还与紫杉一起被种植在墓地中，象征着死亡。

在欧洲，花楸是一种民间药，树液主要用于治疗腹泻和膀胱炎。果实可用于酿酒，树皮可用作染料和药材。

柳属

【原产地】北半球温带、亚寒带。

【学　名】*Salix*：属名源于维吉尔曾使用过的拉丁古名，是由凯尔特语中的“近”“水”两词组成的复合词。有说法认为，它源于拉丁语中意为“跳跃”的词，因其生长速度快而得名。另有说法认为它源于希腊语中意为“旋转”的词，因柳枝可用于编织而得名。

【日文名】やなぎ（柳）。

【英文名】willow：源于古希腊语，意为“旋转”。

【中文名】柳。

灰柳
Salix cinerea
东洋的圣树。欧洲人认为它是一种有生命的树，据说它在沼泽一带会自行移动。
➡⑧

柳树性喜湿地，生命力旺盛，在东西方都是具有神圣意义的植物。柳树在早春发芽，日本人用它制作筷子和刨花棒，祈求五谷丰登和身体健康。此外，日本人认为如果在正月里用嫩柳枝烤年糕，食用后会返老还童，而用柳枝做的牙签可以预防牙痛。人们还将柳树种植在桥头和妓院门口，因为它隔开了彼岸与此岸两个世界。

在中国，友人远行之际，人们会将柳枝折成环形作为礼物相赠。“柳”与“留”谐音，以示思念和留恋之情，也寄托了对友人旅途平安、顺利归来的祝愿。这些柳枝环还被用于祈雨。

在希腊神话和《圣经 · 旧约》中，柳树通常象征着死亡与哀恸。而在基督教中，它象征着基督的福音，因为无论砍掉多少枝条，它们都会重新长回来。

梣属

【原产地】东亚、北美洲、地中海地区。

【学　名】*Fraxinus*：属名源于该植物的古拉丁名，意为“分离”。

【日文名】とねりこ（梣）。

【英文名】ash：源于古代凯尔特语。

【中文名】白蜡树：人们用这种树养殖白蜡虫以获取白蜡，因而得名。

欧梣
Fraxinus excelsior
欧洲的圣树。据说北欧神话中的宇宙树“尤加特拉希”就是白蜡树。➡⑨

白蜡树属木樨科乔木，在地中海地区和北欧都具有神圣的意义。

希腊神话中，宙斯就是用白蜡树创造了人类。阿喀琉斯刺向赫克托耳的长矛和丘比特之箭也是用这种树制成的。

北欧神话中，奥丁在海边散步时发现了白蜡树的树桩，从中创造了第一个人类阿斯克。更重要的是，宇宙树“尤加特拉希”就是白蜡树，它矗立在整个世界的中心。奥丁也正是从这种树中获得灵感，发明了北欧古文字卢恩符文。

德国有这样一种习俗，人们用Y形的榛树枝作为探测棒来寻找地下水脉，用白蜡树的嫩枝寻找铜等金属矿脉。此外，他们会煎煮白蜡树的树皮、树叶饮用，认为它对慢性风湿病和痛风有效，至今仍有人这样做。

石榴属

【原产地】地中海东岸、中东、印度西北部。

【学　名】*Punica*：属名源于拉丁古名“mālum pūnicum”，意为“腓尼基的苹果”，在语源上“punica”指腓尼基人。老普林尼曾使用过该名字。

【日文名】ざくろ（石榴）：源于中文名。

【英文名】pomegranate：源于拉丁俗语，意为“有许多种子的苹果”。

【中文名】石榴。

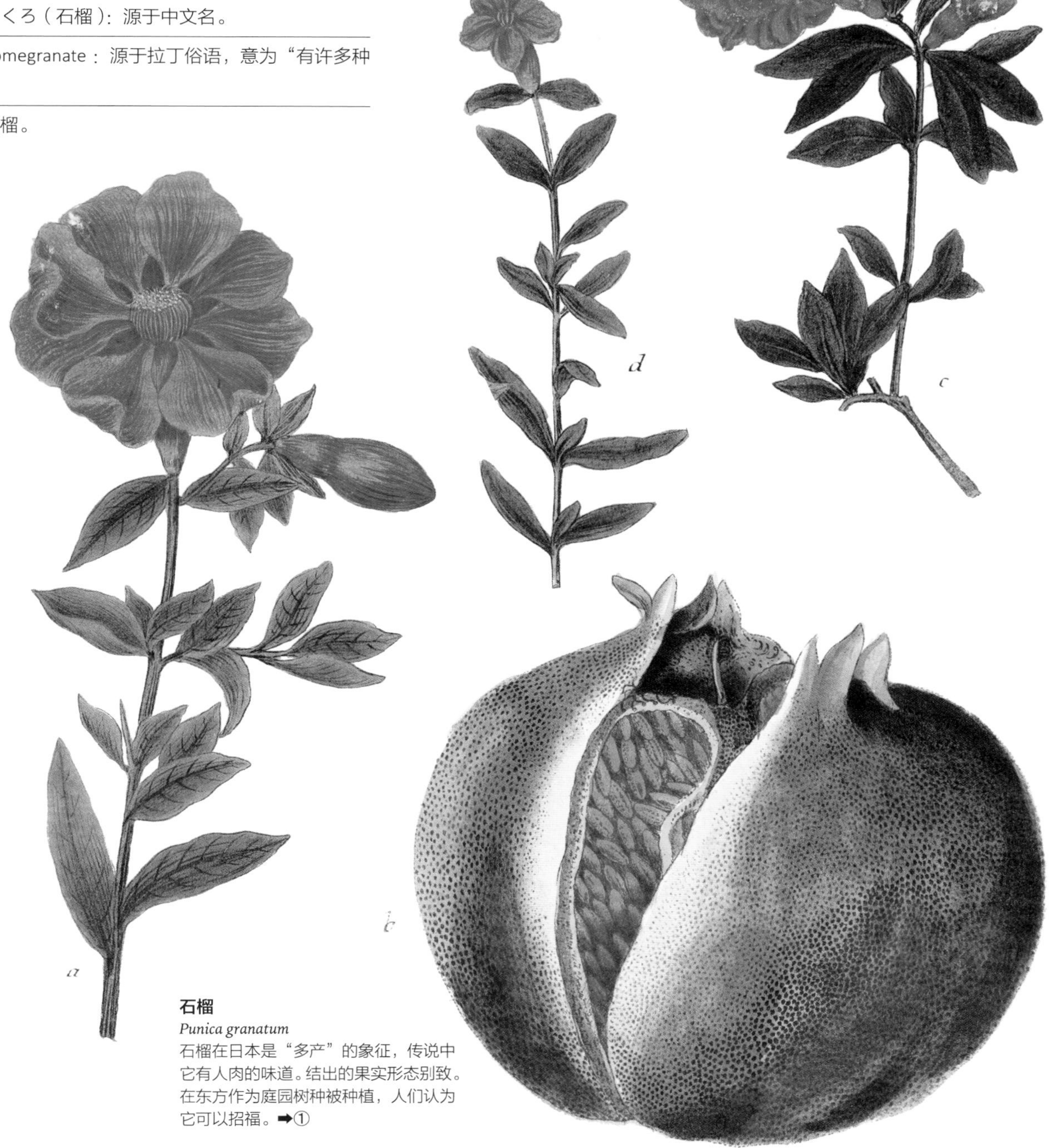

石榴
Punica granatum
石榴在日本是“多产”的象征，传说中它有人肉的味道。结出的果实形态别致。在东方作为庭园树种被种植，人们认为它可以招福。➡①

石榴在东西方都具有神圣的意义。它因佛教中鬼子母神的传说而闻名。鬼神王的妻子有1000个孩子，但她总是掳走并吃掉人类的孩子，佛祖为了让她悔悟，把她最心爱的小儿子藏了起来。于是鬼子母神便成了孕妇顺产的守护神。慢慢地，人们将石榴供奉给鬼子母神，因为人们觉得石榴的味道像人肉，也可能是因为石榴红色的汁液让人联想到鲜血，而数量颇多的种子寓意着多子多福。

在希腊，石榴也是丰收的象征，它是女神珀耳塞福涅的随身之物。基督教也借鉴了这种寓意，将石榴视为重生和不朽的象征。

过去人们使用金属镜子时，会用石榴汁来擦亮镜子。其中所含的柠檬酸等有机酸可以去除镜子表面的污渍。

石榴的根和树皮中含有石榴碱，主要用作驱虫剂。在印度尼西亚，石榴的果实还被用于治疗妇科病和血痢。

蒜

【原产地】不详。推测为中亚或印度。

【学　名】*Allium sativum*：属名“*Allium*”源于拉丁语中的大蒜，现指所有葱类植物。源于凯尔特语，意为“热”。关于其语源还有许多别的说法。种加词“*sativum*”在拉丁语中意为“被种植的”。

【日文名】にんにく（葫）：语源不详。おおびる（大蒜）：意为很大的蒜（葱的近亲）。

【英文名】garlic：源于古英语，意为“长矛状的葱”，因其叶片的形状与长矛相似而得名。

【中文名】大蒜：与日文名相同。

蒜
Allium sativum
大蒜的原产地虽尚无定论，但普遍认为原产于西亚和印度。在欧洲，大蒜可用于治疗血痢等疾病，也是驱逐吸血鬼的最强灵药。➡㉕

在古代的弗里吉亚，身上散发大蒜味的人禁止进入库柏勒神庙。希腊人将大蒜视为神圣的灵草，认为它能破除巫术的咒语。据荷马记述，奥德修斯曾用大蒜破除魔女喀耳刻的咒语。此外，还有这样一则传说——撒旦离开伊甸园时，大蒜从他的左脚边冒了出来，洋葱则从他的右脚边冒了出来。

英国人把大蒜放在睡有婴儿的摇篮里，以驱赶试图偷换婴儿的妖精。大蒜在许多地方还一直被视为强效的药草，用于驱赶蛇、蝎子和瘟疫。有趣的是，老普林尼曾说，如果用大蒜擦拭天然磁铁，它就会失去磁性。

在瘟疫流行期间，大蒜被用于清洗尸体。同时，人们也用它驱赶吸血鬼，布莱姆·斯托克的《德古拉》(*Dracula*)等怪奇文学作品中均有描述。

大蒜的气味来自二烯丙基三硫化物(后者在中医里被用作健胃剂)。

洋葱

【**原产地**】中亚。

【**学　名**】*Allium cepa*：属名“*Allium*”源于古拉丁名，现指所有葱类植物。源于凯尔特语，意为“热”。也有说法认为是源于拉丁语中意为“气味”和“恶臭”的词。种加词“*cepa*”源于洋葱的古拉丁名，最初来自凯尔特语，意为“头”。

【**日文名**】たまねぎ（玉葱）：意为有球形鳞茎的葱。

【**英文名**】onion：源于洋葱的法文名，再往上可追溯到拉丁语中与数字“1”有关的词。

【**中文名**】洋葱：意为西方种的葱。玉葱：与日文名相同。

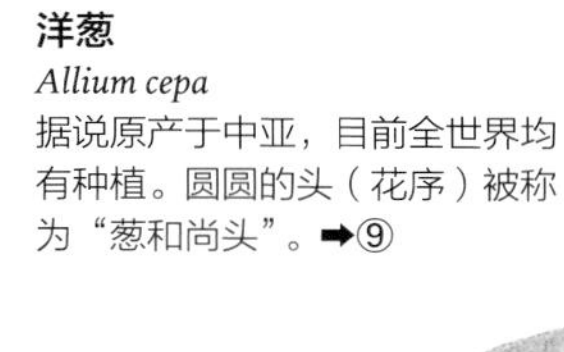

洋葱
Allium cepa
据说原产于中亚，目前全世界均有种植。圆圆的头（花序）被称为“葱和尚头”。➡⑨

洋葱是西餐中不可或缺的蔬菜，在欧洲与大蒜一起被奉为神秘的药草。

在古埃及，建造金字塔的奴隶被喂食洋葱，使他们能够忍受艰苦的劳动。据说，14世纪伦敦瘟疫流行时，出售洋葱和大蒜的商店免受疫病的影响。洋葱还被视为长寿药，许多保加利亚人因为大量食用洋葱而年过百岁。在法国乡村，捣碎后的生洋葱仍然常被用作治疗头痛的膏药。另外，如果把它敷在肾脏部位或下腹部，会促使大量尿液排出。据说它能很好地治疗蚊虫叮咬和烧伤。

洋葱汤也被视为治疗宿醉的特效药。人们还认为洋葱汤有催情的作用，新婚之夜的新娘会喝加了洋葱的牛奶汤。

安息香属

【原产地】东南亚。

【学　名】*Styrax*：属名源于中东地区古语中指代安息香的词。

【日文名】あんそくこうのき（安息香の木）：从其树脂中可以提取安息香，因而得名。

【英文名】benzoin tree："benzoin"指安息香。

【中文名】安息香：关于"安息"一词，一说来自古波斯安息国（帕提亚帝国）之名，一说源于"驱邪以安定气息"之意。

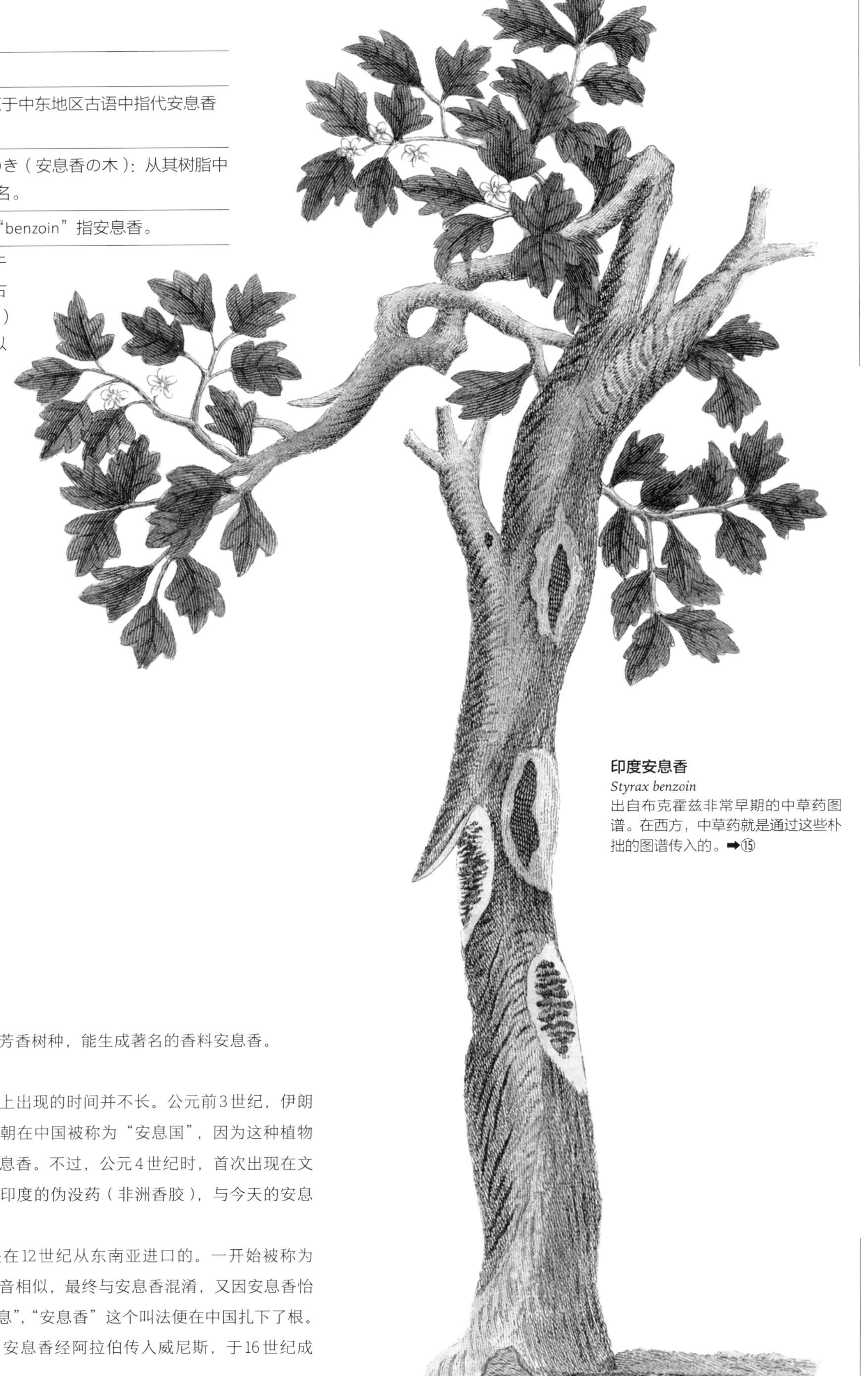

印度安息香
Styrax benzoin
出自布克霍兹非常早期的中草药图谱。在西方，中草药就是通过这些朴拙的图谱传入的。➡⑮

这是原产于东南亚的芳香树种，能生成著名的香料安息香。

这种香料植物在历史上出现的时间并不长。公元前3世纪，伊朗帕提亚帝国的阿萨息斯王朝在中国被称为"安息国"，因为这种植物产于该地，所以被称为安息香。不过，公元4世纪时，首次出现在文献中的安息香是一种来自印度的伪没药（非洲香胶），与今天的安息香截然不同。

今天的安息香最早是在12世纪从东南亚进口的。一开始被称为"金颜香"，但因为二者发音相似，最终与安息香混淆，又因安息香怡人的香气能使人"安定气息"，"安息香"这个叫法便在中国扎下了根。

在15世纪末的欧洲，安息香经阿拉伯传入威尼斯，于16世纪成为香料贸易中的重要商品。

其主要芳香成分为苯甲酸。

虫草属

【原产地】全世界。

【学　名】*Cordyceps*：属名源于希腊语，意为“棍棒头”，因其形态而得名。

【日文名】とうちゅうかそう（冬虫夏草）：源于中文名。

【英文名】vegetative wasp：意为“植物黄蜂”。plant worm：意为“植物虫”。

【中文名】冬虫夏草：也叫夏草冬虫。

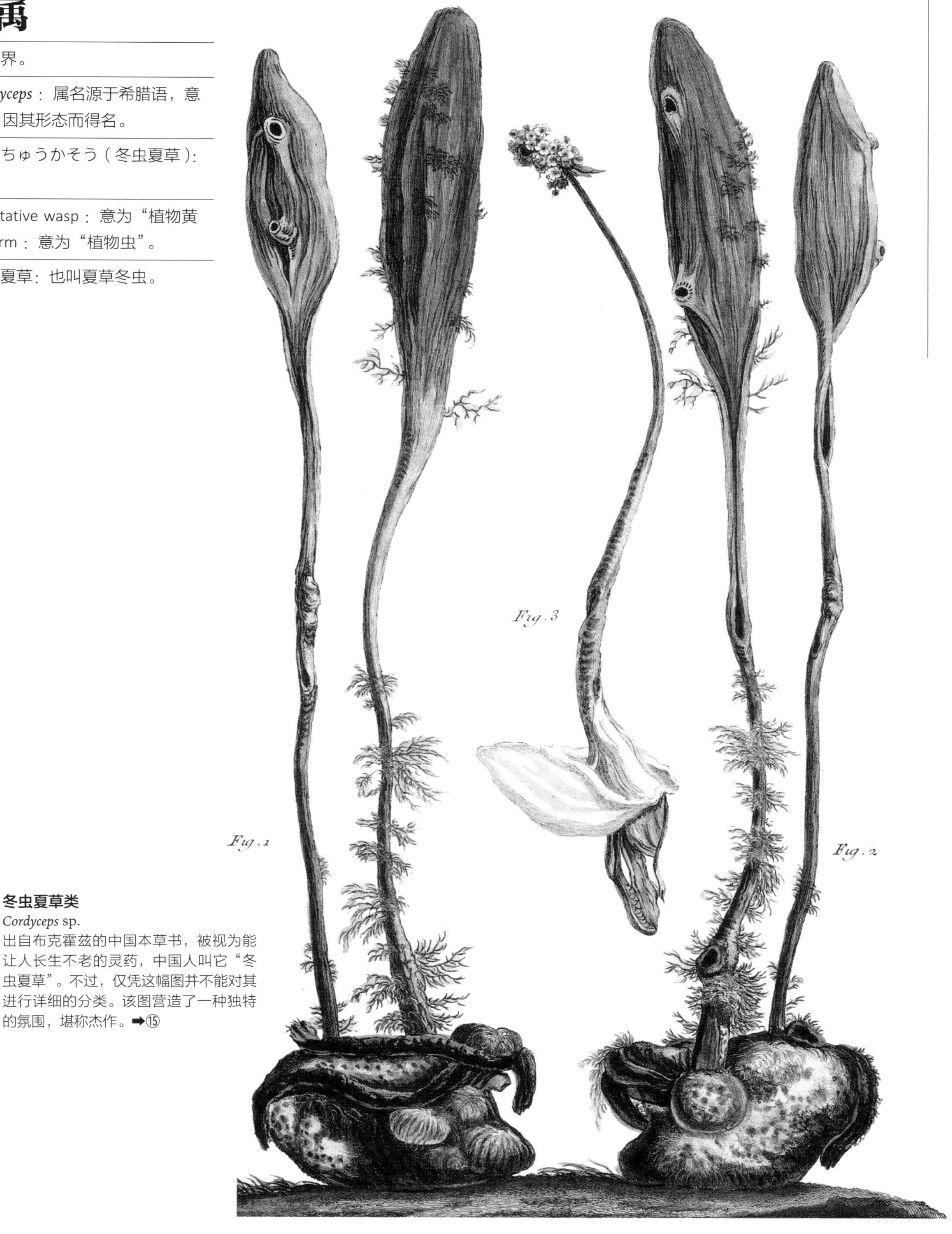

冬虫夏草类
Cordyceps sp.
出自布克霍兹的中国本草书，被视为能让人长生不老的灵药，中国人叫它“冬虫夏草”。不过，仅凭这幅图并不能对其进行详细的分类。该图营造了一种独特的氛围，堪称杰作。➡⑮

冬虫夏草属于菌类，在中国一直被视为有长生不老之效的灵药。这种真菌在冬季寄生于昆虫体内，夏季长成菌草，古人认为这种植物在冬季呈虫形，在夏季化为草，故名“冬虫夏草”。真菌进入昆虫和蜘蛛体内后，伸展菌丝并生长，最终完全占据昆虫的身体。此时，昆虫已经死亡，但其身体并没有解体，是因为在其体内生长的菌丝密布在一起，形成一种名为菌核的组织。这里就是菌草生长之处。菌草的种类取决于它的寄主，例如蝉虫草、蛹虫草、蜂虫草等，它们通常呈棒状。

冬虫夏草的主要成分为虫草酸和虫草素等，中医将其作为应对病后虚弱、阳痿等症状的补药。不过，在药理学上，其功效尚未得到充分证实。日本有许多冬虫夏草品种，但通常不入药。

天地庭园巡游

伊甸园

乐园

人间乐园

波斯花园

巴布尔花园

杰拉尔德的庭园

健康花园

太阳之园

伊吹山的艾草园

巴比伦空中花园

裴伽纳的庭园

伊夫林的哲学庭园

古雅典的花园

《十日谈》中的花园

贝克福德的美洲植物园

德塞森的“逆流温室”

宫泽贤治的花园

小石川植物园

后乐园

帕多瓦植物园

自然殿堂

马尔梅松庭园

最小的温室“沃德箱”

牧野纪念庭园

南方熊楠的庭园

印度园林景观，庭园中种植的是榕树。榕树也叫正榕，人们通常称它为“信仰之树”。亚洲人将其奉为圣树。此图出自威廉·丹尼尔的《生物景观插图》（*Interesting selections from animated nature*，1809年）。

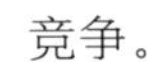

伊甸园

以印度热带大花园为灵感的人间乐园。

据传伊甸园是一座地上的乐园，它存在于现世。《圣经·旧约》中描述伊甸园中央种有两棵树，分别是“生命树”和“智慧树（分辨善恶树）”。四条河流从伊甸园流出，分别为幼发拉底河、底格里斯河、比逊河和基训河。

后世的人们进一步描述了伊甸园的美好与圣洁：在伊甸园里，眼见之处皆是草木葱茏，鲜花艳鸟，让人赏心悦目。每棵树都结满了果实，人类永远不会挨饿。在这里，猛兽不吃肉，它们和平共处，既没有食物链，也没有生存竞争。

上帝在这里创造了亚当。亚当熟睡时，上帝抽出他的肋骨创造了夏娃。然而，夏娃偷吃了智慧树所结的禁果，导致亚当和夏娃都被逐出伊甸园。从未干过活的二人开始在人间自谋生路：亚当耕地，夏娃纺织。之后，人间的动物开始了生存竞争，弱肉强食的法则也得以确立。

根据早期基督徒的说法，伊甸园位于世界的东端，其灵感可能来自印度热带的大花园。

从亚当和夏娃被逐出乐园至诺亚的时代，地上的动物持续着斗争。出自G.B.安德烈尼（Giovan Battista Andreini）的《亚当神圣显现》（1617年）。

萨克森的鲁道夫（Ludolph of Saxony）在《基督传》（*Vita Christi*，1503年）中所画的伊甸园。

鲁本斯（Peter Paul Rubens）和勃鲁盖尔（Jan Brueghel de Oude）共同创作的《伊甸园和人类的堕落》（*The Garden of Eden with the Fall of Man*，1620年）。在这里，动物们没有纷争，融洽无间。

乐园

迎接亚当和夏娃的下一个乐园。

在犹太 - 基督教的传说中，“Paradise”是至高无上的乐园，甚至比伊甸园的地位还要高。前者是“天上的乐园”，而伊甸园通常被称为“地上的乐园”。

它原本被认为是地狱的一部分，正直者的灵魂在此逡巡，等待着复活。后人们将它等同于伊甸园，但它起源更早，是比伊甸园更古老的乐园，据说还是“公园”(park) 一词的语源。有种说法认为，上帝把亚当和夏娃赶出伊甸园，是为了把他们带到更高贵的乐园“Paradise”。

对于虔诚的基督徒来说，它是远离尘世荒野的避难所。从这个意义上来讲，它的确是迎接被逐出伊甸园的亚当和夏娃的下一个乐园。

据《圣经》记载，只有圣灵才能进入这座“封闭的庭园”。出自H. 霍金斯的《圣山》(1633年)。

约翰・马丁为约翰・弥尔顿的《失乐园》(1850年) 绘制的插图。该图描绘了一个充满诗情画意的乐园，图中的光影效果十分独特，大地也仿佛在流动，马丁的艺术表现手法为其增色不少。

耶罗尼米斯·博斯创作的祭坛画《人间乐园》的左半部分（16世纪初期）。画中描绘了奇妙的动植物和珠宝，被认为是受到了中世纪流传的印度见闻记的影响。

根据12世纪伊朗诗人尼扎米（Nizami Ganjavi）的诗作绘制的细密画中的波斯花园。花园池塘的人工造型与自然景观形成鲜明对比。

人间乐园

从极乐天堂堕落为特权下的享乐场所。

人间乐园的故事在中世纪广为流传。它本是极乐天堂，是一个没有悲伤、忧愁和饥饿的理想世界。然而，在中世纪欧洲，它转变为地上人间的享乐场所——围墙内的人们享有特权，他们在此毫无顾忌地嬉戏和恋爱，忙着寻欢作乐。它寓意着人们早已厌倦了教会支配下的世俗伦理，为了恢复曾经的自由选择了反抗。更温和地说，这也与体育运动的蓬勃发展有关，当时的西方娱乐以体育运动为主。

16 世纪，尼德兰画家耶罗尼米斯·博斯（Hieronymus Bosch）创作了祭坛画《人间乐园》，画中的裸体男女们无拘无束地言谈和享乐，世上的动植物也齐聚一堂，可谓“天上乐园”（Paradise）的再现。但与此同时，这种享乐也是沉迷于世间浮华的世俗之人的地狱写照。

即使身处地狱，人们依然渴望享乐，这种真实强烈的愿望使“人间乐园”在近代得以重现——17 世纪时，英国和法国出现了“Pleasure garden”（游乐园）。与修剪整齐的花园不同，这类游乐园融入了灌木丛、岩石等自然景观，旨在为恋人们提供一个私密的谈心空间。直到蒂沃利公园出现，游乐园才变成家庭和孩子的乐园。它于 1843 年开设，由哥本哈根市民作为股东经营。

波斯花园

生者愉悦、逝者安息的空间。

在波斯人看来，天堂就是一个浩瀚无边的“花园”。

波斯文化语境下的花园有四个要点：孕育植物、滋润人心的池塘和喷泉；让人们可以惬意休憩的绿荫；斗色争妍的花朵；悦耳动听的音乐。换句话说，这类花园必须是堪称人间乐园的尘世天堂。

因此，从中东到印度，这类花园成了生者愉悦、逝者

印度细密画（18世纪早期），描绘的是莫卧儿帝国的国王游览波斯风格花园的场景。庭园被池塘、柏树和花卉分隔开来，但仍保持着自然的风貌。

安息的空间。正如“Paradise”一词，它来自希腊语，而最早的起源应该要追溯到波斯语，在波斯语中它的意思即为“花园”。

巴布尔花园

热爱博物学的国王打造的自然花园。

印度莫卧儿帝国的开国君主巴布尔（Babur）是夺取撒马尔罕的帖木儿帝国的后裔。据说他生来热爱博物学和野生生物，即使在战争期间也喜欢收集植物。他在自己的居城喀布尔建造了十座花园，其中他最喜爱的是“Bagh-e Babur”（极乐花园）。这座花园自1508年建成以来，其管理者一直仿照波斯花园的风格经营打理，同时引入印度耆那教的自然观，最终成为一座不伤害野生动物的自然花园。

1526年，巴布尔迁都阿格拉，并在那里修建了拉姆巴格花园。印度莫卧儿王朝的花园反映出巴布尔的个人品位，不仅是博物学研究场所，还是“快乐之园”，同时也是花园式的陵墓，莫卧儿国王沙贾汗为他的波斯妻子在阿格拉建造的泰姬陵就是范例。

杰拉尔德的庭园

试验场般的花园，催化出一部畅销书。

约翰·杰拉尔德著有英国早期的药物书籍《草药书，或植物通志》。他的本职工作是医生，在俄罗斯游历后于1577年定居伦敦。由于是医生的关系，他负责照看霍尔伯恩的植物园，同时继续种植药草。霍尔伯恩的花园成了杰拉尔德的试验场，他将在此地研究的成果写成了当时最畅销的本草书。

然而，为该书的出版埋下伏笔的是兰贝尔·多顿斯的《本草书》。当时负责翻译这本书的是普里斯特。不幸的是，普里斯特还未完成翻译就去世了，接手此书的出版商约翰·诺顿（John Norton）便请杰拉尔德重新续写《本草书》。不过，据说杰拉尔德极有可能使用了普里斯特的译稿来写自己的书，后人还认为杰拉尔德的拉丁语和植物学知识都有所欠缺。

约翰·杰拉尔德《草药书，或植物通志》（1597年）的卷首图。该书展示了当时草药园的样子，书中的药草也按种别进行了分类。

雅各布·麦登巴赫《健康花园》（1485年）的卷首图。如图所示，书中介绍了人鱼、人面蛇、鸟类等奇异动植物的药用价值。这幅图展现了被称为“中世纪之秋”的15世纪文艺复兴的时代精神。

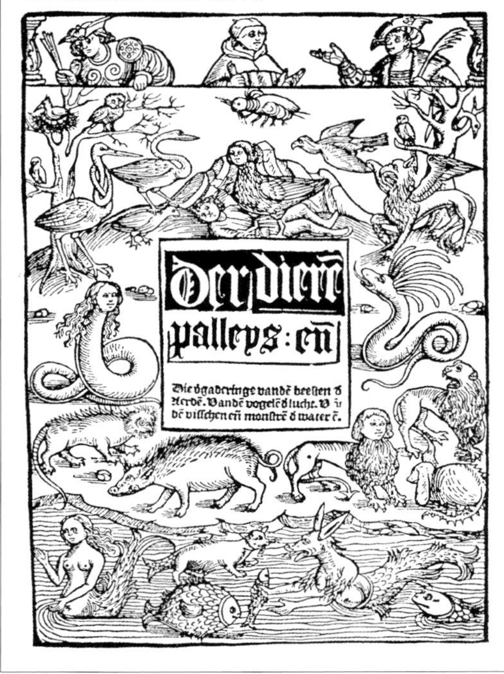

健康花园

第一本收录木刻植物插图的书籍。

顾名思义，“健康花园”是指实用的草药花园，而不是后来发展成植物园的“人间乐园”。出版于1485年的《健康花园》是文艺复兴时期的一部著名的草药论著，它描述了草药植物如何生长和被利用，书中还记有对魔法的信仰。这本书在斯特拉斯堡完成初期印刷，出版者是德国人雅各布·麦登巴赫。

此书被视为第一本收录木刻植物插图的书籍，出版后在短短三年内就加印了六次。读者能在其中充分见识许多民间传说和与魔法相关的治疗。不过，麦登巴赫在撰写这本书时参考了许多其他书籍，亲身实地参考花园后的记述只占少数。

太阳之园

指代作者自己理想的健康药园。

“太阳之园”是约翰·帕金森所著《太阳之园·地上乐园》一书中出现的词。

“太阳之园”源自作者的姓名帕金森，他玩了一个小小的文字游戏——“Park-in-sun”，其实指的是作者自己。不过，“太阳之园”依然会让我们联想到一个阳光普照、水源充足的理想化的健康药园。因为，该书扉页图呈现的便是“乐园”（Paradise）的景象。

在该扉页图的上半部分，上帝像太阳一样闪耀着光芒，裸体的亚当和夏娃全神贯注地看着各种或实用、或药用、或珍奇的美丽花朵。亚当采摘智慧之果，象征园艺家；夏娃采摘花草，象征植物学家。图中央是长着绵羊的奇异花朵“植物羊”（Barometz）。此外，还可以看到百合花、郁金香、康乃馨和黄花贝母，不难看出，“太阳之园”品种繁多。

事实上，帕金森活跃于17世纪上半叶，当时正值欧洲的花园从草药园转向真正花园的过渡时期。值得一提的是，这座花园引入了许多来自美洲新大陆的植物。

约翰·帕金森《太阳之园·地上乐园》（1629年）的扉页图。书中穿插了希腊神话和《圣经》中有关草药与花园的故事。

伊吹山的艾草园

织田信长梦想有一座种植艾草的大药草园。

伊吹山位于滋贺县和岐阜县的交界处。在古代，山上居住着一位荒神，日本武尊前来讨伐荒神，却被其手下白野猪所伤，这是日本人耳熟能详的故事。由于雨量充沛、日照充足，山上绿树成荫，人们可以采集到许多药草和实用植物。织田信长在伊吹山一带种植药草，并建造了一座规模宏大的药草园。信长还命令葡萄牙传教士在这里种植艾草（蓬蒿）。艾草是一种疗效绝佳的药草，被赞为“医草”。人们采集长势良好的夏艾叶制成艾绒，用于艾灸治疗。

中国南北朝时期的学者宗懔在《荆楚岁时记》中写道：“今人以艾为虎形，或剪裁为小虎，贴以艾叶，内人争相戴之。”

将艾绒制成老虎的形状并挂在大门上的习俗也传到了日本，江户时代的人们将其作为神农祭之虎，挂在家门口以驱除霍乱。

织田信长有一个梦想，他想经营一座宏伟的伊吹山药园，并在那里种植艾草。如今，信长的药园已不复存在，但伊吹艾草至今依然闻名遐迩。特别是在伊吹山附近的木曾街道，柏原宿场里有一家出售艾灸草的龟屋佐京商店。这家商店规模庞大，至今仍在出售艾草，也是一个著名的景点。

出自《日本山海名产图会》（1799年），图中介绍了江户时代伊吹艾草的制作过程。

巴比伦空中花园

悬浮在半空中的宏伟植物园。

巴比伦空中花园又称悬苑，是古代世界七大奇迹之一。其具体结构不详，但它是巴比伦城墙的附属建筑物。有一种说法认为，“空中花园”这个名字来自希腊旅行者，他们在尼布甲尼撒国王（Nebuchadnezzar）的城墙上见到一个露天花坛，于是就用“空中花园”来形容。

这座花园的建造者并不明确，人们普遍认为是亚述国王尼诺斯的妃子塞弥拉弥斯（Semiramis）或尼布甲尼撒国王下令建造的。根据斯特拉波（Strabo）和老普林尼等古代作家的描述，它是一个多层结构，越往上越小，开放的空间是花坛，层叠的部分兼用于支撑上层，其中有许多房间和浴室。人们可以通过楼梯登上高层。

从地面上看空中花园，景色一定非常壮观，因为它就像一个悬浮在半空中的植物园。

19世纪画家描绘的巴比伦空中花园的想象图。它的宏伟气势得到了重现，细节上却不够精确，例如，原本是砖造的部分在图中却是石砌的。

裴伽纳的庭园

洛德·邓萨尼笔下幻想世界中的梦境花园。

它是爱尔兰小说家、戏曲家洛德·邓萨尼（Lord Dunsany）在1905年创作的《裴伽纳的诸神》（*The Gods of Pegāna*）中描绘的奇幻世界。邓萨尼参照凯尔特神话，创造了这个花园世界。这个世界名为“中央海”，由大洋中的浮岛构成。在这里，人们既看不到岸，也看不到船。

这座岛屿如花园一般。人们生活在鲜花的包围中，远眺美丽清澈的海水从天而降，思考着上帝的仁慈。然而，生活在梦幻花园中的裴伽纳人仍怀揣着一种莫名的不安，这种不安来源于创世神玛纳－尤德－苏塞，他创造了美丽的裴伽纳花园、裴伽纳人民和裴伽纳的众神，之后便陷入沉睡。据说，这位大神苏醒后将把这个世界抹去，重新开始游戏，创造一个新世界。

于是，击鼓之神斯卡尔不停地击鼓，听见鼓声的玛纳昏昏欲睡，沉眠于梦境中。然而，斯卡尔的双臂终究会失去力气，再也无法击鼓。这时，玛纳－尤德－苏塞就会从睡梦中惊醒，让裴伽纳花园像棋盘上的棋子一样，被一扫而空。

这个世界名为“中央海”，由大洋中的浮岛构成。在这里，人们既看不到岸，也看不到船……此为S.H.西姆为《裴伽纳的诸神》（1911年）绘制的照相凹版插图。

约翰·伊夫林为重现伊甸园而计划打造的庭园“至乐之境不列颠”（Elysium Britannicum）的素描图。在古希腊时期，“Elysium”指的是正直者死后去往的乐园。

古希腊的哲学家花园的想象图。关于古希腊花园的真实情况，历史上并没有特别详细的记载。不过，它们基本不是观赏性花园，主要是乘凉和休憩的场所。

伊夫林的哲学庭园

一座天堂花园，也是美轮美奂、草木葱茏的科学设施。

英国作家约翰·伊夫林在17世纪时奠定了园林理论的基础，同时也是森林保护的先驱，他计划打造一个“至乐之境不列颠”（Elysium Britannicum），旨在重现伊甸园、展示地球上美丽而有益的植物。花园以希腊语中的“天堂花园”（Elysium）命名，“Elysium”指的是正直者死后去往的乐园。这个计划最终并未实现。

在他的设计中，我们能看见一座典型的欧式庭园，其中心是一个法式对称花园，花园中有一处暗示着世界尽头的喷泉（或为不老泉），喷泉后方是一片广袤的森林。人们认为它受到了17世纪40年代巴黎皇家植物园（后改为巴黎植物园）的影响。不过，这也从侧面印证了植物园在17世纪时是一个充满科学与知识元素的设施。

古雅典的花园

古希腊哲学在花园的自在氛围中诞生。

在古希腊，对于雅典居民来说，比起在个人花园中享受私生活，他们更喜欢群聚在一起闲聊和嬉戏。因此，雅

在有围墙的花园里，男人和女人在“不老泉”中沐浴，伴着优雅的音乐共饮美酒。这是《十日谈》所描绘的15世纪时意大利的光景。出自《大气》（*De Sphaera*）插图。

典需要有大型公共花园，能让众多市民聚在一起，享受交谈的乐趣。古雅典花园就是为此而建的。

这里种植了榆树、紫杉等树木，人们在树荫下讨论学术和政治。正是古希腊的这种哲学传统——在公共花园中漫步，并展开学术讨论——培育了像柏拉图、亚里士多德这样的哲学家。这些聚会场所最终从简单的公共花园逐渐成形为“公园”（Park）。

《十日谈》中的花园

一座中世纪的避难所，种有月桂树，野兔和小鸟也前来做客。

这是文艺复兴时期的文学巨著《十日谈》（1471 年）中所描绘的中世纪意大利花园。花园里有围墙、喷泉和草坪。

故事中的这座带围墙的花园是个避难所。《十日谈》讲述的是七女三男在 1348 年佛罗伦萨发生大瘟疫时逃过一劫的故事。他们逃进一座别墅，并轮流在别墅的花园里扮演国王和王后，每天讲述着不同的故事。三个年轻人为贵妇人制作花饰。他们听到鸟鸣声时，抬眼一看，发现兔子和鸟儿都聚集在花园里。

我们可以从中看到中世纪盛极一时的“乐园”的影子。在这种花园中，人们有时会种植月桂这样的圣树来净化空气。月桂树也是打倒外敌的象征。

贝克福德的美洲植物园

由作家建造的一座命运多舛的迷宫花园。

威廉·贝克福德（William Beckford，1760—1844 年）创作了哥特式浪漫主义小说《瓦泰克》（*Vathek*，1786 年）。他的父亲是英国议会的进步派议员，十分富有，给贝克福德留下了巨额遗产。贝克福德用这笔钱在其宅邸“放山居”（Fonthill House）外的从林中建造了放山修道院（Fonthill Abbey），它是建筑史上的奇迹。贝克福德因通奸和同性恋传闻不得不远离世俗生活，这座废墟式修道院风格的庞大建筑便成为世外桃源般的堡垒，贝克福德遁隐于此，彻底过上了追求艺术和有品位的生活。

然而，由于赶工期，近 70 米高的尖塔在大风的压力下倒塌（后重建）。

贝克福德家族在新大陆有种植产业，这些来自新大陆的珍奇动植物也被引入了放山修道院。还有一座被贝克福德称为“乐园”的花园，这座花园只种植产自美洲的植物，是座名副其实的“美洲花园”（American garden）。它一直延伸到湖水的北面，构成了被参天巨树和美丽花草环绕的迷宫花园。

沿着蜿蜒曲折的小路，各式美洲花卉让贝克福德一饱眼福——卡罗莱纳玫瑰、大丽花、杜鹃、向日葵、巨大的紫玉兰等，他仿佛步入一个梦幻般的世界。放山修道院曾是 18 世纪晚期著名的热带花园，在贝克福德晚年被转让给他人。3 年后，大尖塔倒塌，放山修道院也彻底成为废园。

上图为放山修道院湖面北侧的“美洲花园”。这座花园只种植产自美洲的植物，是一个被参天巨树和美丽花草环绕的迷宫花园。

下图为高山花园，园中收集了许多产自阿尔卑斯地区的植物，并设计了配套的高山景观。出自约翰·拉特《放山修道院史图录》（*Delineations of Fonthill and its Abbey*，1923年）。

德塞森的“逆流温室”

奇异的色彩和形状，充满人工味道的植物园。

若利斯 - 卡尔 · 于斯曼（Joris-Karl Huysmans）是19 世纪的法国作家，之前拥护自然主义，之后转向象征主义，这本描述人工乐园的小说《逆流》（*À Rebours*，1884 年）就是他转型后的代表作。这部作品的主人公德塞森敢于挑战传统观念，立志打造一座彻头彻尾的人工乐园，而其中的必备项就是植物温室。

德塞森和他收藏的奇异植物。出自由哈维洛克・艾利斯作序的英译版《逆流》（1931年），书中插图由柴登伯格绘制。

德塞森想培育植物中的贵族热带兰花，为了配得上这些兰花，他将温室打造成一座植物宫殿，并寄心于各种奇花异草。他追求的花卉美是反自然的：心形的叶子、血色的茎、植物颜色散发着金属片般的光泽——德塞森构思了一系列充满非自然色彩和形状的植物。当时盛行的热带兰花形态奇异，德塞森对它们产生了浓厚的兴趣。

于是，一座将人工技艺发挥到极致的“逆流温室”诞生了。

宫泽贤治的花园

花坛中花团锦簇，其色彩让人联想到星星和矿物。

宫泽贤治是诗人、童话作家，因《银河铁道之夜》而闻名。同时，他也是农业和园艺界的权威人士，参与了家乡岩手县各种建造花园的计划。他的一些花坛计划被记录在《花之笔记》（*Memo Flora*）中。其中，花卷医院的花坛庭园就是贤治参与设计的。

据说，这个花坛是在大正十五年（1926 年）左右建成的，由宫泽贤治负责设计和造景。贤治喜欢用砖块砌筑花坛，花卷医院的花坛就是用长方形砖块砌成的。这个花坛的一部分至今仍在，全貌记述于他的《花之笔记》中。从笔记可以看出，最初的计划是在中央圈出一块矩形土地，靠近两条长边的区域各建三个矩形花坛。四端的花坛种植羽叶甘蓝，剩下的两个花坛则种植苋菜，花坛以外的区域则种植着绿色和紫色的羽叶甘蓝花，这样的色彩搭配给人强烈的视觉冲击。

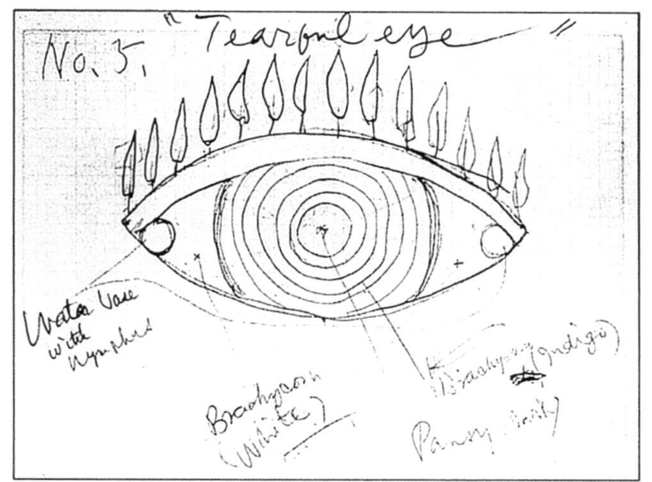

宫泽贤治《花之笔记》第32页所描绘的花坛“流泪之眼”（Tearful eye）的设计图。1978年，该花坛在盛冈市盛冈少年院内被复原。

不过，实际建成的花坛中央种植的是一棵高大的德国云杉，周围栽满了香气怡人的葡萄风信子。贤治建造这个花坛，可能是为了安慰医院的病人。他还为花卷医院设计了围裙形花坛和具有梦幻风格（星形）的花坛，主要种植绿色、蓝色和紫色的花朵，让人联想到星星和矿物。

贤治在《花坛工艺》中描述了自己设计花坛的方法：“音乐确实可以自由地转化为图形，我可以用花来描绘贝多芬的幻想曲。”用鲜花来表现贝多芬的幻想曲，如此奇思妙想正是贤治的一贯风格。

小石川植物园

栽培大量植物，江户时代的胜地。

由江户幕府管理的药园。宽永十五年（1638 年），第三代将军德川家光下令建造多个药园，其中南药园于贞享元年（1684 年）迁至小石川白山御殿内，它是小石川植物园的前身。自江户时代以来，这里栽培了大量植物，成为远近闻名的胜地。在明治初期还设立了被称为“大阪室”的温室，使其具备全年栽培植物的条件。

小石川植物园现已正式更名为东京大学大学院理学系研究科附属植物园（位于东京都文京区白山），并向公众开放。

1964 年，英国寄给日本的牛顿苹果树的“后代”。

享保七年（1722 年），第八代将军吉宗听从町医小川笙船的提议，在药园内设立药房。这里收治的都是贫穷的病人，民众也称其为“小石川养生所”，最多的时候收治过 100 多位病人。该药房位于药园内，药用资源充足，它也是政府医院的先驱。明治十年（1877 年）之后，它成为东京帝国大学的附属植物园，因此也是日本第一个植物研究机构。植物园的第一位教授是尾张本草学派的最后一位传人伊藤圭介，牧野富太郎也曾在这里担任助教。

作为日本最早的植物研究机构，该植物园占地约 16 万平方米，研究人员在园内设立的植物学教室开展了各种植物研究，其中银杏精子的发现让平濑作五郎享誉世界。园内现有约 3000 种植物，人们还能参观使得牛顿发现万有引力的苹果树的“后代”。

后乐园

于江户时代建成的两座同名庭园。

后乐园是江户时代的大名所建造的回游式庭园，名字的灵感来自中国宋代范仲淹《岳阳楼记》中的“先天下之忧而忧，后天下之乐而乐”。不过，后乐园有两个：东京的小石川后乐园和冈山后乐园。

小石川后乐园是水户藩初代藩主德川赖房在他江户的宅邸中建造的庭园。最初，流亡日本的明朝遗民朱舜

图为冈山后乐园。在江户前期各个大名扎堆修建的池泉回游式庭园中依然堪称杰作，与水户偕乐园、金泽兼六园并称日本三大名园。

图为小石川后乐园，现在被东京巨蛋和高层建筑所包围，是东京市中心休闲放松的场所。

水为小石川后乐园加入了许多中式元素，江户普通老百姓也能前来参观。一开始，园内有池塘，奇岩、假山耸立其间，但这些中式元素在德川幕府第五代将军纲吉的时代被剔除。

此外，冈山后乐园则是奉藩主池田纲政之令建成的，美丽的花园里设有许多茶室。一座大池塘包围着整个花园，瑰丽绝伦，是日本三大名园之一。

帕多瓦植物园

圆形与四边形结合，如同地球微观模型般的庭园杰作。

16 世纪是航海和贸易的时代，也是继发现美洲大陆后人们正式开始建设植物园的时代。毋庸赘言，建设植物园旨在汇集世界植物，从而在植物园的范畴内实现世界霸权，为此，以贸易立国的荷兰和意大利的大城市率先开始建设植物园。1591 年，吉罗拉莫 · 波罗（Girolamo Porro）提出“帕多瓦植物园计划”，建议将圆形和四边形结合在一起，这无疑是将植物园布局设计成地球微观模型，这一想法堪称惊艳。

波罗设想将植物园建成可以收集世界各地植物的殿堂，他还设计了花坛，将植物按四大洲分组。中央四角各有一个正方形花坛，花坛边框呈现为伊斯兰风格的几何图案。整体设计精巧华丽，蔚为壮观。

自然殿堂

达尔文祖父的梦想，一座能让人变为花朵的花园。

“自然殿堂”是伊拉斯谟斯 · 达尔文所写长诗的标题。伊拉斯谟斯是进化论的倡导者之一查尔斯 · 达尔文的祖父，也是一位诗人兼科学家。这首长诗发表于 1803 年，是一首以药草园为主题的诗歌，其中提及生物起源和生物进化理论，算得上是为其孙子达尔文铺路的“前进化论”。

林奈从植物的生殖器形态出发，创立了新的分类法。伊拉斯谟斯在英国普及林奈的植物分类法，并在新兴产业城市伯明翰创立了月光社，该团体也不乏一些业余的科学爱好者。他们经常讨论新科学的发展及应用。

伊拉斯谟斯梦想中的庭园类似于古代变身谭[1]的记述，在庭园里，人也可以变为花朵。这也是一座充满智慧的花园，它向我们轻声诉说着林奈植物分类学的秘密，来自大

1　动物变人、人变动物的故事或传说。——译者

约翰 · 亨利希 · 菲斯利以点画技法为伊拉斯谟斯 · 达尔文的《自然殿堂》（1803年）绘制的卷首图。它寓意着“隐藏在大地中的自然真理，必将通过智慧来揭示”。

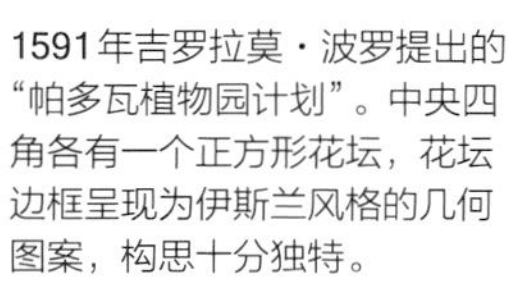

1591年吉罗拉莫 · 波罗提出的“帕多瓦植物园计划”。中央四角各有一个正方形花坛，花坛边框呈现为伊斯兰风格的几何图案，构思十分独特。

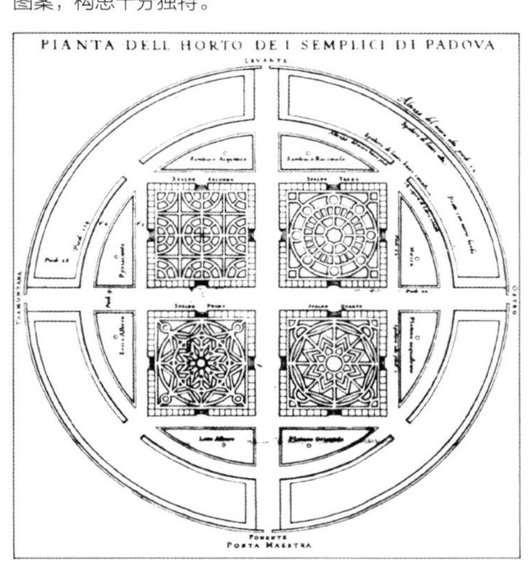

自然的地、水、火、风四大元素精灵也造访了这座花园。

伊拉斯谟斯如此讴歌道：

“从天而降吧！游荡于天空的风精灵西尔芙啊！
用你的小手弹奏那银色的竖琴吧。
把妖精的脚印按在你的花环上，
大地精灵诺姆啊！跟随细软的琴弦翩翩起舞吧！
而我，和着麦笛，乘着轻柔的曲调，
我要伴着华丽的牧场和爱情的悲伤起舞——
颀长的橡树摇曳着黑色的枝条，
树皮吸引来一只又一只小飞蛾，
在花香四溢的森林中，
一个英俊的男人和一个美丽的女人邂逅了彼此，
他们从此互为伴侣，连植物也祝福他们。
傲霜的雪莲花和长着蓝眼睛的风铃草，
它们在清澈的溪流上颔首，交换了深情的泪水。”

马尔梅松庭园

天鹅纵情浮游、玫瑰婀娜多姿的约瑟芬花园。

马尔梅松城堡是拿破仑的妻子约瑟芬居住的离宫，从1799年开始归属于她。自婚后的第三年起，约瑟芬就一直住在这里，并不断改造城堡中的建筑和花园。

约瑟芬将马尔梅松花园打造成允许植物自由生长的英式风格，而不是法式风格的几何学庭园。园内开凿了一个池塘，池塘里饲养着天鹅和其他水禽，这成为前来拜访约瑟芬的贵族们休闲娱乐的场所。

这座庭园最为赫赫有名的场所是约瑟芬建造的蔷薇园。约瑟芬在这里种植了当时已知的250种蔷薇，并请比利时植物画家皮埃尔·约瑟夫·雷杜德作画。这位画家留下了一部《蔷薇图谱》，展示了马尔梅松蔷薇园绝世惊艳的风光。

出自《蔷薇图谱》(1817—1824年)，这种蔷薇名为“Rosa Gallica Pontiana”(法国蔷薇)，法语名为“rosier du pont”，源自A.杜邦(André Dupont)的名字。杜邦受约瑟芬之命在马尔梅松的蔷薇园中种植了大量蔷薇，因而声名远扬。

拿破仑的妻子约瑟芬将马尔梅松花园打造成允许植物自由生长的英式庭园，但唯一的例外是种有250种蔷薇的几何学花坛。另外，花园里还有一个人工小池塘，里面养着天鹅，约瑟芬对天鹅的喜爱不弱于对蔷薇的爱。

最小的温室“沃德箱”

世博会上展出的瓶中植物园。

在英国维多利亚时代，栽培蕨类植物成为一种时尚。当时，人们使用的是N.B. 沃德发明的“沃德箱”（Wardian case）。

沃德是外科医生，也是昆虫爱好者，有年冬天他做了一个实验，将蛾蛹放入玻璃瓶中越冬。他发现当时和蛾蛹一起放入的蕨类植物也长大了，于是得出结论：植物即使在密封的玻璃容器中也能自然生长。这一发现促成了一种名为“瓶中植物园”的密封玻璃容器的开发，并在1851年伦敦世界博览会上展出。

该产品由乔治 · 罗狄吉斯（George Loddiges）推出，他当时在哈格尼经营着一家大型园艺商店，也出版杂志。“沃德箱”被用作从澳大利亚运输植物的容器，普通市民也非常喜欢这个方便的“温室”，将其用于种植珍奇蕨类植物。其形状也有多种设计，包括哥特式和东方风格，它们各具特点，各有其美。

随着“沃德箱”的发明，曾被视为经不起运输的植物，也能够在漫长的陆路和海路运输中存活下来，且存活率高达90%。

20世纪30年代，邱园使用的“沃德箱”大小不一，有鞋盒大小便于运输的尺寸，也有用来运输树木的巨型箱。

在故居原址上建造的牧野纪念庭园（位于东京都练马区大泉）。园内种植了与这位植物学家相关的大量植物，其遗物也被收集陈列在资料馆中。该庭园平日里向公众开放。

牧野纪念庭园

简陋的小小书房，日本植物学的根基由此诞生。

牧野富太郎是日本现代植物学的奠基人。小学辍学后，他独自来到东京，立志学习植物学。然而，他经常与东京帝国大学植物学系的教授们发生冲突，甚至被禁止出入东大，最终在晚年担任东大的讲师。据说，日本原生植物约有 6000 种，其中由牧野命名的物种就超过了 1000 种。牧野还留下了约 40 万件植物标本。

牧野晚年时居住在东京练马区的大泉，在这里度过了生命的最后几年，牧野纪念庭园也建在他宅邸的原址上。园内种植了与这位植物学家相关的植物，还保留了牧野的简陋小书房，他终日在此从事研究。日本植物学的根基正是诞生于这间简陋的书房。

牧野晚年的书房。书房非常简朴，但在其生前，整个书房堆满了书籍和标本，甚至连走路的地方都没有。

在书房埋头研究的牧野富太郎。据说，日本大部分植物都是由他命名的。他还是一位杰出的植物画家。

南方熊楠的庭园

充满野生气息的科研考察基地。

南方熊楠是一位来自纪州藩田边市的植物学者，他不仅是博物学家，还是对人类学和民俗学有着浓厚兴趣的综合型科学家。他对黏菌特别感兴趣。即使地方不大，在只有枯树和有滚石的地带，许多种类的黏菌也能大量繁殖。熊楠曾计划建立一批面积为一坪（约3.3平方米）的植物园，用于收集多种黏菌。

其中他最为看重、时刻关注的庭园却位于毫不起眼的神社中。神社在城镇里随处可见，但神社内有不少独特的黏菌品种，就连手水舍里的淡水藻类也是其他地方见不到的。对熊楠来说，神社庭园是他求之不得的科研考察基地。

黏菌是熊楠最注重的研究领域之一。众所周知，他收集了各种黏菌，并将它们装入火柴盒，献给昭和天皇。

学名索引

主要成分索引

药效索引

（含疾病名。部分内容缺乏医学根据）

相关人名索引

1　阿斯克勒庇俄斯（Asclepius）

古希腊医神。他从半人马贤者喀戎那里习得医术，成为一代名医。他掌握了让死者起死回生之术，这惹恼了宙斯，宙斯用雷电劈死了阿斯克勒庇俄斯，又怜悯他的才能和善良，把他升为星星，变成了蛇夫座。随身之物是一根蛇杖。→*7, 37*

2　阿普列乌斯·柏拉图尼克斯（Apuleius Platonicus，生卒年不详）

他是中世纪最广为流传的草药典籍《药物志》的作者，该书汇编了公元400年左右的希腊资料，是一部不太重要的医学处方集。该书最古老的手稿由荷兰莱顿大学收藏。通常认为这是公元7世纪时的作品，写于法国南部。→*8, 12, 111*

3　约翰·伊夫林（John Evelyn，1620—1706年）

英国政治家、日记作家。政治立场为保皇派。其日记与塞缪尔·佩皮斯（Samuel Pepys）的日记堪称英国日记的双璧。在王政复辟时期，他出版了一部关于自然保护的先驱性著作《森林志》，旨在呼吁恢复因内战而遭到破坏的英国森林。他还构想了“至乐之境不列颠”（Elysium Britannicum）这一哲学庭园，希望能重现伊甸园，但并未实现。→*138*

4　N.B.沃德（Nathaniel Bagshaw Ward，1791—1868年）

英国医生、博物学家。1827年，他发现蕨类植物生长在被遗忘的密封玻璃瓶中，由此发明了一种玻璃瓶。这些玻璃瓶被称为“沃德箱”，被植物猎人用来运送活体植物，也常用于种植蕨类植物。→*145*

5　佩尔·奥斯贝克（Pehr Osbeck，1723—1805年）

瑞典学者。林奈的学生，奉林奈之命外出进行博物探险的“林奈使徒”之一。1750—1752年去往中国探险。金锦香的属名（*Osbeckia*）便源于他的名字。另外，冠以林奈之名的林奈草（北极花，*Linnaea*）也是由他从中国带入欧洲的。→*10*

6　小野兰山（1729—1810年）

江户时代中期的本草学家。生于京都，1799年来到江户。出版《本草纲目启蒙》，该书共48卷，是江户时期本草学集大成之作，声名远扬。坊间还流传着各种与他相关的传奇故事。→*10*

7　盖伦（Galenos，约130—约200年）

古罗马最伟大的医学者，地位仅次于古希腊的希波克拉底。出生于小亚细亚的艺术文化中心帕加马。盖伦根据动物解剖学成果提出了血液循环理论。他将生药按以下三种情况分类：① 根据其原始属性；② 根据四种元素的混合物；③ 根据其特殊属性。现在，这种以粗制生药配制的剂型一般被称为盖伦制剂。→*8*

8　克拉提乌斯（Krateuas）

位于黑海北岸的本都国王的御医。曾为米特拉达梯六世服务，后者在公元前2世纪至公元前1世纪经常与罗马作战。他绘制了世界上最早的精密又华丽的彩色药草图鉴。据说其内容保留在维也纳抄本的迪奥斯科里德的《论药物》中。→*7, 8*

9　约翰·杰拉尔德（John Gerard，1545—1611年）

英国外科医生、草药学家。著有英国第一部正式的草药典籍《草药书，或植物通志》（*The Herball or Generall Hiftorie of Plantes*）。不过，该书大部分内容翻译自佛兰德的药草书，这部著作充其量只能算在日本的兰学家之间十分出名的兰贝尔·多顿斯《本草书》（*Cruydeboeck*）的翻译本，而且很可能直接借用了普里斯特（Robert Priest）博士的翻译原稿。→*9, 20, 134*

10　神农

中国传说人物。也称农业神、医神。神农尝遍百草，用一条赤色的神鞭鞭打植物，这样便能判断植物是否有毒、是否可以食用、是否能够入药。江户时代的业余博物学家研究会“赭鞭会”、尾张“尝百社”的名称都源于神农的故事。→*6, 14*

11　高木春山（？—1852年）

江户时代末期幕府武士、博物学家。虽然是幕府武士，但他的亲戚是富商，与萨摩藩也关系亲密。岛津家在目黑赐给他一座药用植物园，他就在此埋头研究博物学。人们认为他也参加了业余博物学家的研究会“赭鞭会”。未出版的巨著《本草图说》（全195卷）堪称江户时代博物学图谱的巅峰著作之一。→*60, 108*

12　迪奥斯科里德（Dioscorides，生卒年不详）

活跃于公元1世纪的罗马医生，古代药理学的主要代表人物。曾在尼禄皇帝统治时期担任罗马军医，周游列国时见识了许多药物。著作汇编成5卷本《论药物》（*De materia medica*），对827种药物进行了分类，其中包括600种植物，在之后的1000多年里一直被奉为经典。现存的手抄本是公元512年左右拜占庭的维也纳手抄本，是世界上现存最古老的植物图谱。→*7, 8, 23, 27, 33, 57, 64, 69, 76, 86, 101, 111*

13　泰奥弗拉斯特（Theophrastus，约公元前371—前288年）

古希腊哲学家、植物学家。亚里士多德的学生，后接替亚里士多德管理吕克昂学园。著作涉及多个领域，在植物学方面著有9卷本《植物志》（*Historia Plantarum*）及6卷本《植物成因论》（*De Causis Plantarum*），都是世界上现存最古老的植物学著作，其中许多植物名至今仍被用作学名。→*7, 19, 60, 77, 79, 93, 95*

14　阿尔布雷希特·丢勒（Albrecht Dürer，1471—1528年）

文艺复兴时期德国画家。他将意大利文艺复兴时期的成果传入阿尔卑斯以北地区。在植物画领域，他留下了许多精确的植物写生图，对后来奥托·布伦费尔斯等本草学家的植物图鉴产生了深远影响。*→8*

15　吉安巴蒂斯塔·德拉·波尔塔（Giambattista della Porta，1535—1615年）

意大利科学家、作家。据说他在10岁时就用拉丁语写论文，年轻时周游欧洲列国，增长见闻。主要著作为《自然魔法》（*Magia Naturalis*）。他在该书第17卷第10章提到了望远镜，被认为是比伽利略更早发明望远镜的人。在药物学方面，他主张“以形补形”理论，认为与某种动物相似的植物能治疗相应动物造成的疾病。*→14*

16　兰贝尔·多顿斯（Rembert Dodoens，1517—1585年）

出生于佛兰德的梅赫伦，曾在鲁昂大学学习医学。他在1554年写下《草木志》，对日本兰学家产生深远影响。之后成为鲁道夫二世的御医，鲁道夫二世是神圣罗马帝国皇帝马克西米利安二世的继承人，也是一名博物学爱好者。后来，多顿斯成为荷兰莱顿大学的医学部教授，并在莱顿逝世。*→11, 134*

17　约翰·帕金森（John Parkinson，1567—1650年）

英国园艺家，詹姆斯一世的顾问药剂师。著有英国第一本真正意义上的园艺书《太阳之园·地上乐园》（*Pradisi in sole Paradisus Terrestris*）。伊丽莎白时代各领域欣欣向荣，园艺也风靡一时，连杰拉尔德的著作也被认为已经落伍。帕金森的书便在众所期望之下诞生，书名“*park-in-sun*”正好与其姓重合。*→135*

18　马场大助（1785—1868年）

生于江户城，旗本马场利光的次子。他是江户业余博物学家研究会“赭鞭会”的核心成员之一，在芝增上寺西里的自家庭园里种植了许多西洋舶来植物，并对其进行观察和写生。与岩崎灌园也有来往，曾在西博尔德拜访江户时一同前往会面。著有《远西舶上画谱》《群英类聚图谱》等。*→96*

19　皮埃尔·比亚尔（Pierre Bulliard，1742—1793年）

法国植物学者。《法国本草志》（*Herbier de la France*）从1780年开始刊行，一直持续到比亚尔去世，以年鉴的形式共出版13卷。这些插图由比亚尔亲自雕刻制作版画，并非手工上色，而是采用多色印刷。这些版画采用了凹铜版腐蚀制版法。*→101*

20　平贺源内（1728—1779年）

江户时代中期的本草学家、发明家、剧作家。高松藩足轻之子。他在汤岛等地举办了数次物产会，并撰写了本草学著作《物类品骘》，34岁时脱藩。此后，他在江户城过着浪人生活，发明了防火布、静电发电装置等。他还涉足剧作，但最终因杀人死于狱中。*→10, 11*

21　盖乌斯·普林尼·塞孔都斯（老普林尼）（Gaius Plinius Secundus，约23—79年）

古罗马时代博物学家。学贯古今中西，公元77年时完成全37卷巨著《博物志》（*Naturalis historia*）。*→24, 60, 77, 80, 90, 100, 106, 118, 123, 124*

22　奥托·布伦费尔斯（Otto Brunfells，？—1534年）

文艺复兴时期的德国医生、本草学家。1530年时在斯特拉斯堡发行了第一本写实风格的本草典籍《活植物图谱》（*Herbarum Vivae Eicones*）。书名直译后的意思为“画出植物最原生态的样子”。该书画师为汉斯·魏迪茨（Hans Weiditz），这些木版画精巧而华丽，曾一度被认为是出自其老师丢勒之手。*→8*

23　巴西利厄斯·贝斯莱尔（Basilius Besler，1561—1629年）

德国药剂师、园艺家。他受命管理艾希施泰特主教的庭园。该庭园位于德国南部，种植着大量外来植物。他倾注心血为庭园中的珍奇植物编撰了图谱，即《艾希施泰特的花园》。之后，这座花园在三十年战争中化为灰烬。*→21*

24　雅各布·麦登巴赫（Jacob Meydenbach，生卒年不详）

文艺复兴时期的德国本草学家。1485年时在斯特拉斯堡发行《健康花园》（*Hortus Sanitatis*）。作为早期本草典籍，该书涉猎广泛，除植物外，还涵盖了动物、矿物、药物等相关条目。书中还讨论了当时的魔法信仰。*→134*

25　牧野富太郎（1862—1957年）

日本植物分类学大师。生于高知县，小学辍学后到东京攻读植物学。他常常出入东京帝国大学植物学系，先后接触到矢田部良吉、松村任三等人。有一段时间曾被禁止进入该系，但在明治时代中期时成为助教，后成为讲师。据说，日本的原生植物中有六分之一是由牧野命名的。其位于东京练马区的故居已被改建为牧野纪念庭园，高知县也建造了高知县立牧野植物园，以纪念他的功绩。*→52, 142, 146*

26　南方熊楠（1867—1941年）

日本博物学家、人类学家和民俗学家。出生于和歌山县，搬到东京后进入一所大学的预科学校，但因热衷于研究博物学而辍学，并移居美国。在环游世界后，他成为伦敦大英博物馆馆员。在1900年返回故乡，晚年致力于植物采集及其分类研究，尤以对移动性黏菌的研究而闻名。此外，他还是自然保护运动的先驱。*→45, 147*

27　卡尔·冯·林奈（Carl von Linné，拉丁名Carolus Linnaeus，1707—1778年）

瑞典植物学家。在乌普萨拉大学接受鲁德贝克的教导后，前往拉普兰进行植物采集。之后，他又前往荷兰、英国和法国游学。回国后，他接替导师成为母校的植物学教授。提出以花的形状为基础的人工分类系统及生物名称的二项式命名法，是现代生物学的奠基人。*→10, 143*

28　皮埃尔-约瑟夫·雷杜德（Pierre-Joseph Redouté，1759—1840年）

出生于比利时法语区，是位画家的儿子，*23*岁时前往巴黎，一边做舞台布景的帮工，一边绘制花卉。后来，受到赏识的他成为玛丽·安托瓦内特博物室的一名画家。法国大革命后，他于1793年成为法国国家自然历史博物馆的画师，拿破仑时代又成为约瑟芬王妃的画师。他是有史以来最著名的植物画家。→*23, 89, 144*

29　约瑟夫·罗克斯（Joseph Roques，1772—1850年）

法国医生，代表作为《药用植物图志》。1807年至1808年出版了博物书《实用植物》，其中包含130幅药用植物插图。该书是一本面向家庭的药用植物图鉴，收录了法国国内外的药用植物，条目按法文字母顺序排列。代表作《药用植物图志》重点关注的是有毒植物，初版于1821年发行，1838年时修订再版。绘师为奥卡尔（Édouard Hocquart）。→*20, 28, 41, 59, 73*

图片出处索引

1 **《药用植物图谱》(*Duidelyke vertoning, eeniger duizend in alle vier waerelds deelen wassende Bomen*)，约翰·威廉·魏因曼(Johann Wilhelm Weinmann)，卷4，阿姆斯特丹，1736—1748年**

药用植物图谱，收录内容按字母顺序排列，对日本江户时代的博物学家栗本丹洲等人产生了重要影响。18世纪最全的附带插图的植物学作品，其中部分插图由著名植物画家埃雷绘制。→*30, 32, 33, 71, 72, 102, 123*

2 **《爱德华植物名录》(*Edwards Botanical Register*)，西德纳姆·爱德华(Sydenham Edwards)，卷8，伦敦，1815—1847年**

英国的代表性园艺书。多达33卷，包含2719张插图，数量上仅次于《柯蒂斯植物学杂志》。制作者爱德华也是《柯蒂斯植物学杂志》的画师。→*97, 106*

3 **《中国植物图谱》(*Icones Plantarum Sponte China Nascentium*)，查尔斯·科尔(Charles Ker)，伦敦，1821年**

残缺不全的中国植物图谱。不过，书中由中国画师描绘的彩色石版图完成度很高。→*31, 87*

4 **《柯蒂斯植物学杂志》(*Curtis's Botanical Magazine*)，威廉·柯蒂斯(William Curtis)，卷8，伦敦，1787年至今**

1787年创刊，1984年至1994年更名为《邱园杂志》，1995年又恢复原名《柯蒂斯植物学杂志》。至今仍在发行，是一本重要的园艺杂志。其中提供的高质量彩色插图，是像本书这样的科普书不可或缺的信息来源。→*18*

5 **《哥伦比亚植物志》(*Florae Columbiae Terarumque Adiacentium Specimina Selecta In Peregrinatione Duodeim Annorum Observata*)，赫尔曼·卡斯滕(H.Karsten)，对开本，柏林，1858—1861年**

由德国植物学家描绘的哥伦比亚植物图谱。大尺寸彩绘石版插图充满力量感，尤其是各种棕榈树，奇异而引人注目。→*55*

6 **《万有本草辞典》(*The Universal Herbal; Botanical, Medical, and Agricultural Dictionary. All the known Plants in the World, arranged according to the Linnean system. Specifying the Uses to which they are or may be applied, whether as Food, as Medicine, or in the Arts and Manufactures. With the best Methods of Propagation, and the most recent Agricultural Improvements.*)，托马斯·格林(Thomas Green)，伦敦，1816年**

面向普通大众编写的植物学书籍。插图临摹自其他书籍。→*36*

7 **《日本植物志》(*Flora Japonica*)，菲利普·弗朗兹·冯·西博尔德(Philipp Franz von Siebold)，莱顿，1835—1870年**

西博尔德是荷兰人，曾作为医生前往日本长崎的出岛。这本巨著是他返回荷兰后撰写的。在许多日本学生的帮助下，西博尔德对当地的植物进行了分类研究。本书仅选取了其中少量手绘图。→*39*

8 **《法国植物》(*Plantes de la France décrites et Peintes d'après nature*，共10卷)，若姆·圣伊莱尔(Jaume Saint-Hilaire)，巴黎，卷8，1805—1809年**

欧洲植物图谱的经典之作，包含1000幅精美的小尺寸彩色铜版画。所有插图均由圣伊莱尔亲手绘制，既雅致又不失活力，文字介绍也很详尽。→*28, 40, 42, 43, 45, 47, 48, 60, 64, 65, 69, 83, 94, 96, 120, 121*

9 **《药用植物事典》(*Flore Médicale*)，弗朗索瓦-皮埃尔·肖默东(François-Pierre Chaumeton)、让·路易·马里·普瓦雷(Jean Louis Marie Poiret)、让-巴蒂斯特·蒂尔巴斯·德·尚伯雷(Jean-Baptiste Tyrbas de Chamberet)编，让·弗朗索瓦·蒂尔潘(Jean François Turpin)绘制插图，巴黎，1833—1835年**

初版于1814—1820年发行，之后又发行了多个其他版本。初版有349幅插图，后来版本的插图数量有所增加，有些版本包含600幅插图。这些插图由19世纪初与雷杜德齐名的著名植物画画师蒂尔潘绘制。这部精美的小书被誉为必须人手一本的珍藏品。→*20, 22, 23, 24, 40, 46, 49, 53, 56, 58, 63, 64, 70, 76, 78, 81, 84, 85, 88, 89, 91, 92, 93, 96, 98, 100, 101, 107, 108, 114, 115, 116, 122, 125*

10 **《本草图说》，高木春山**

江户时代末期的恢宏巨著，共195卷，题材以植物和鱼类为主，其中植物部分占了全书的一半。书中许多插图都是从其他书籍抄录的，但依然不影响它是一部极其优秀的博物图谱。原稿现藏于爱知县西尾市立图书馆岩濑文库。→*61, 69, 90, 109*

11 **《献给园艺家、园艺爱好者和工业家的植物志》(*Flore des jardiniers, amateurs et manufacturiers: d'après les dessins de Bessa extraits de l'herbier de l'amateur*)，皮埃尔·奥古斯特·约瑟夫·德拉皮兹(Pierre Auguste Joseph Drapiez)，巴黎，1836年**

初版于1829—1835年发行，收录了600幅手绘图，由潘克拉斯·贝萨(Pancrace Bessa)绘制。这本书在当时很有名，描绘了许多惹人爱的温室植物。→*34, 35, 60, 67*

12 **马场大助《远西舶上画谱》，制作年代不详**

据说高官马场利光与木曾义仲有亲戚关系，其次子马场大助自幼热爱博物学，后来成为江户业余博物学家研究会“赭鞭会”的主要成员。他致力于创作外来花卉图谱。本书是他的代表作，共*10*卷。书中许多插图被认为出自服部雪斋之手。该书现在藏于东京国立博物馆。→*96*

13 **《奥勒良：英国昆虫自然史》**（*The Aurelian: or Natural History of English Insects; namely Moths and Butterflies. Together with the Plants on which they feed; A faithful Account of their respective Changes; their usual Haunts when in the winged States; and their standard Names, as given and established by the worthy and ingenious Society of Aurelians.*），**摩西·哈里斯（Moses Harris），对开本，伦敦，1766年**

许多人认为这是英国有史以来最优秀的蝴蝶图鉴，主要描绘蝴蝶的食草与幼虫之间的关系。该书堪称与梅里安在荷兰出版的作品相媲美的杰作。→*51*

14 **《中国与欧洲植物图谱》**（*Collection précieuse et enluminée des fleurs les plus belles et les plus curieuses qui se cultivent tant dans les jardins de la Chine que dans ceux de l'Europe*），**皮埃尔·约瑟夫·布克霍兹（Pierre Joseph Buchoz），对开本，巴黎，1776年**

活跃于18世纪的法国博物学家的代表作。书中200幅插图中有60幅描绘的是中国草药。因此，它在中国艺术发展史上也具有重要意义。→*26*

15 **《动植矿物百图第一辑(及第二辑)》**[*Première (& Seconde) Centurie de Planches*）]，**皮埃尔·约瑟夫·布克霍兹（Pierre Joseph Buchoz），对开本，巴黎，1775—1781年**

这是法国早期的博物百科图谱，包含200张手绘彩图，收录了大量必看的鸟类和矿物图。有意思的是，植物篇里记述的均为中国本草，其中有许多不准确的描述，但作为早期介绍中国本草的书籍，依然是一部很有价值的文献。→*19, 27, 28, 42, 45, 46, 50, 90, 98, 118, 126, 127*

16 **《法国本草志》**（*Herbier de la France ou Collection complette de plantes indigènes de ce royaume: avec leurs details anatomique, leurs propriété, et leurs usages en Médecine*），**皮埃尔·比亚尔（Pierre Buillard），对开本，巴黎，1780—1795年**

18世纪晚期最杰出的草药书。作者是一名植物学家，绘画也十分拿手。作者放弃了彩绘，完全以拓印的形式制作了600张铜版画。这本书的构图大胆有趣，但整体色彩有些单调。→*68, 95, 101*

17 **《艾希施泰特的花园》**（*Hortus Eystettensis, siva diligens et accurata Imnium Plantarum, florum, stirpium, ex variis orbis terrae partibus,singulari studio collectarum*），**巴西利厄斯·贝斯莱尔（Basilius Besler），大对开本，1713年**

17世纪初南德意志主教的私人植物园（艾希施泰特花园）的彩色图录第3版。收录了包括向日葵在内的诸多新大陆植物的彩色插画。初版于*1613*年。→*21*

18 **《画给孩子们的图谱》**（*Bilderbuch für Kinder, enthaltend eine angenehme Sammlung von Thieren, Pflanzen,Blumen, Früchten, Mineralien, Trachten und allerhand andern unterrichtenden Gegenständen aus dem Reiche der Natur, der Kunste, und Wissenschaften; alle nach den besten Originalen gewählt, gestochen, und mit einer kurzen wissenschaftlichen, und den Verstandes-Kräften eines Kindes angemessenen Erklärung begleitet*），**弗里德里希·尤斯廷·贝尔图赫（Friedrich Justin Bertuch），魏玛，1810年**

19世纪一部伟大的儿童百科全书。它描绘了地球上的许多现象，包含1000多幅手绘彩插。→*69*

19 **《梅园草木花谱》，毛利梅园**

共17帖。手稿本《春之部》4帖，《夏之部》8帖，《秋之部》4帖，《冬之部》1帖，另有专门的目录。彩色插图十分精美，附带假名、汉字、采集地及参考文献。→*25*

20 **《华丽花卉图志》**（*Flora Conspicua; A Selection of the most belornamental Flowering, hardy exotic and indigenous Trees, Shrubs,and herbaceous Plants, for embelishing Flower-Gardens and Pleasure-Grounds*），**理查德·莫里斯（Richards Morris），伦敦，1826年**

这本书虽小巧，实为杰作，收录了60幅极其精美的手绘铜版画。威廉·克拉克创作的插图将花卉的生机勃勃表现得淋漓尽致。→*44*

21 **《植物学通信》**（*La Botanigue*），**让-雅克·卢梭（Jean-Jacques Rousseau），皮埃尔-约瑟夫·雷杜德（Pierre-Joseph Redouté），对开本，1805年**

卢梭不仅是哲学家，还是伟大的植物学家。他常常通过观察花卉来慰藉自己孤独的内心。卢梭以书信形式留下了植物学日志，花卉画家雷杜德为其用心绘制了65页彩色插图。这本书非常精美，前后共发行3个版本。同样热爱植物的英国哲学家拉斯金（John Ruskin）对它赞赏不已。→*89*

22 **《园艺图谱志》**（*L'Illustration Horticole, Journal Spécial des Serres et des Jardins, ou Choix Raisonee des Plantes les plus intéressantes sous le rapport ornamental, com prenant leur histoire complète, leur déscription comparée, leur figure et leur culture*），**查尔斯·安托万·勒梅尔（Charles Antoine Lemaire），根特，1854—1886年**

勒梅尔所著的园艺书之一。共43卷，1200幅插图。前半部分插图为手工上色，后半部分为彩色石版画。→*66, 74, 112, 113*

23 **《欧洲温室和园林花卉》**（*Flore des serres et des jardins de l'Europe*），**查尔斯·安托万·勒梅尔、米歇尔·约瑟夫·弗朗索瓦·施莱德韦勒（Michael Joseph François Scheidweiler）、路易·凡·豪特（Louis Van Houtte），根特，1845—1860年**

比利时出版的园艺目录。共23卷，2480幅插图，均为彩色拓印石版画。原作者塞弗林（Severin）是比利时著名的画家，其出色的绘画水平至今仍受到人们的赞赏。→*77, 85, 86, 99, 103, 104, 105, 110, 117, 119*

24 **《科罗曼德尔海岸植物志》**（*Plants of the coast of Coromandel*），

威廉·罗克斯堡（William Roxburgh），伦敦，1795—1819年

英国东印度公司在加尔各答植物园中栽培从印度科罗曼德尔海岸采集到的植物，时任负责人的罗克斯堡制作了这本书。插图由印度当地的画家绘制，品位不凡。→*38, 82, 108*

25 《药用植物志》（*Phytographie médicale, ornée de figures coloriées de grandeur naturelle*），约瑟夫·罗克斯（Joseph Roques），巴黎，1821年

最终版本包含180幅插图，是19世纪法国最精美的药用植物彩色图谱。插图由奥卡尔绘制。发行者罗克斯是巴黎的一名医生，后来负责管理蒙彼利埃植物园。→*20, 29, 34, 37, 41, 48, 52, 54, 58, 59, 62, 70, 73, 79, 80, 124*

26 刊登书不详

19世纪，英国，手工上色石版画。

著作权合同登记号：图字 02-2024-085 号
Shinsouban Hanano Oukoku 2 Yakuyoushokubutsu by
Hiroshi Aramata

图书在版编目（CIP）数据

花之王国. 2, 药用植物 / (日) 荒俣宏著；段练译.
天津：天津科学技术出版社, 2024. 9. — ISBN 978-7
-5742-2262-5

Ⅰ. Q94-49; S567-49

中国国家版本馆CIP数据核字第2024ZR7206号

花之王国2：药用植物
HUA ZHI WANGGUO 2：YAOYONG ZHIWU
选题策划：联合天际・边建强
责任编辑：胡艳杰
出　　版：天津出版传媒集团
天津科学技术出版社
地　　址：天津市西康路35号
邮　　编：300051
电　　话：（022）23332695
网　　址：www.tjkjcbs.com.cn
发　　行：未读（天津）文化传媒有限公司
印　　刷：北京雅图新世纪印刷科技有限公司

关注未读好书

未读 CLUB
会员服务平台

开本 889 × 1194　1/16　印张10　字数150 000
2024年9月第1版第1次印刷
定价：128.00元